KB088825

초등 메타인지,
글쓰기로 키워라

✦ 공부의 중심을 잡아주는 기적의 글쓰기 수업 ✦

초등 메타인지, 글쓰기로 키워라

김민아 지음

카시오페아
Cassiopeia

 언젠가 어린이를 위한 글쓰기 책을 써야겠다고 마음먹고 있었습니다. 이유는 간단합니다. 중요한 것일수록 빨리 익혀야 하기 때문입니다. 학교 다닐 적엔 몰랐는데 직장에 다니고 사회생활을 해보니 글쓰기가 가장 힘들고 어려운 일이었습니다. 물론 말하기도 쉽진 않았지만 글을 쓰다 보니 말도 늘더라고요.

 글쓰기는 빠르면 빠를수록 좋습니다. 이른 나이에 익힐수록 몸에 뱁니다. 몸에 배면 오래가지요. 덧셈·뺄셈과 구구단을 익혀 평생 써먹듯이 글쓰기도 초등학교 때 자기 것으로 만들어놓아야 합니다.

공부를 잘하기 위해서도 글쓰기를 익혀야 합니다. 우리의 공부는 읽기와 듣기입니다. 잘 읽고 잘 들으면 공부를 잘합니다. 그런데 글쓰기 훈련을 하면 읽기와 듣기가 수월해집니다. 쓸 수 있는 사람은 잘 읽고 잘 들을 수 있습니다. 중고등, 대학, 나아가 평생해야 하는 것이 공부입니다. 그런 공부를 재미있게 잘할 수 있는 길이 글쓰기에 있습니다.

돌아보니 학교 다닐 적 공부가 재미없었던 이유가 있었습니다. 공부의 끝이 시험이었기 때문입니다. 지금은 글을 쓰기 위해 공부합니다. 쓰려면 알아야 하니까요. 그래서 책도 읽고, 온라인 강의도 열심히 듣습니다. 그런 공부는 재밌습니다. 쓰기 위한 공부는 즐겁지요. 또한 글을 쓰다 보면 자신의 생각을 생각하게 됩니다. 그렇지 않고는 글을 쓸 수 없으니까요. 글을 쓰면 메타인지가 발달합니다. 메타인지는 공부하는 데 결정적인 역할을 합니다.

일례로 글을 쓰다 보면 어휘력이 좋아집니다. 어휘력이 향상되면 교과서 내용이나 선생님 말씀을 더 잘 이해할 수 있고, 시험 볼때 지문과 출제자의 의도를 잘 읽어낼 수 있게 됩니다. 그뿐만 아니라 사고가 깊어집니다. 어휘력이 빈약하면 사고도 빈곤해지지요. 글을 읽는 것만으로는 그런 어휘력을 키우는 데 한계가 있습니다. 어휘력은 글을 써야 확실히 늘어납니다.

일찌감치 글을 써야 하는 이유는 또 있습니다. 행복한 삶을 위해서입니다. 공부를 잘하면 행복해질까요? 그건 아니라고 생각합니다. 행복하기 위해서는 인간의 기본적인 욕구가 충족되어야 합니다. 사람은 누구나 자신의 생각과 감정을 드러내고 싶은 '표현 욕구'를 가지고 있고, 남에게 좋은 평가를 받고 싶은 '인정 욕구'와, 남들과 잘 지내고 싶은 '관계 욕구'를 지니고 있습니다. 또한 자신의 존재 의미를 찾고 존재 가치를 구현하고자 하는 '성장 욕구'와 '자아실현 욕구'도 있지요. 이런 욕구는 글쓰기를 통해 충족될 수 있습니다. 글을 쓰면 적어도 불행하진 않습니다. 글 쓰는 삶이 행복합니다.

이 책 초고를 읽고 깜짝 놀랐습니다. 이 모든 게 담겨 있었습니다. 내 생각이 틀리지 않았다는 걸 확인하면서 기뻤습니다. 교단에서 초등학교 아이들을 직접 가르친 선생님의 말씀이어서 더 설득력이 있었습니다.

내용도 내가 쓰려던 것보다 훨씬 깊고 넓습니다. 나는 감히 흉내도 내기 어려운 실전 글쓰기 방법까지 담겨 있었습니다. 일기, 독서록, 편지 등 장르별로 초등학생을 가르쳐보지 않은 사람은 알 수 없는 내용들이 즐비했습니다. 특히 초등학생을 자녀로 둔 학부모님들이 궁금해하는 사항, 예를 들면 '일기 검사는 해야 하는가' 등에 관해 조목조목 답해주고 있습니다. 한마디로 초등학생 글쓰기의 교본입니다. 이 책 한 권만 읽으면 초등학생 글쓰기를 지도하는 데 어려움이 없겠다는 확신이 들었습니다.

　　안 쓰길 잘했습니다. 주제넘게 먼저 썼더라면 이 책을 읽고 부끄러울 뻔했습니다. 좋은 책을 써주신 김민아 선생님께 감사드립니다.

― 강원국(교수, 『강원국의 글쓰기』·『대통령의 글쓰기』 작가)

공부의 결정적 요소 메타인지,
글쓰기에서 답을 찾다

"요즘 공부하면서 어려운 점 있니?"

그러면 아이들은 대부분 이렇게 대답합니다.

"수학이요."

"사회요."

하지만 그 속에서 인상적인 대답을 하는 아이가 있었습니다.

"요즘 수학 시간에 배우는 단원이 어려워요. 비례식은 잘 풀겠는데, 비례 배분이 헷갈려요. 그냥 계산은 할 수 있는데, 문장으로 나오는 문제는 이해가 잘 안 돼요."

A는 자신이 모르는 부분을 구체적으로 이야기했습니다. 보통은 국어, 수학처럼 과목으로 두루뭉술하게 이야기하는데, 어떻게 이처럼 콕 집어서 말할 수 있는 것일까요? 가만히 살펴보니 A는 수업 시간에 확실히 달랐습니다. 한참의 설명 후 잘 이해했는지 묻는 말에 대부분의 아이들이 별생각 없이 "네"라고 대답할 때 A는 표정과 언어로 모르는 부분을 분명히 표현했습니다. 그리고 무엇보다 질문을 구체적으로 했습니다. 질문하는 아이들에게 어떤 부분이 잘 이해가 안 되는지 물어보면 대부분이 "그냥 모르겠어요"라고 합니다. 이럴 때마다 참 난감합니다. 다 모른다고 해서 처음부터 열심히 설명하는데, 갑자기 "여기까진 알아요"라고 뒤늦게 이야기해서 힘이 빠지기도 합니다. 하지만 A는 풀이 과정에서 막힌 부분을 콕 집어서 물었습니다. 저로서도 A가 모르는 부분의 핵심만 정확히 말할 수 있어 좋았고, A 역시 자신에게 필요한 내용만 들을 수 있어 학습 효율이 높았습니다.

사실 아이들은 처음부터 끝까지 전부 모르는 것이 아닙니다. 일부는 알고 일부는 모르는데, 대다수가 아는 것과 모르는 것의 구분을 어려워합니다. 게다가 모르는 것을 어떻게 표현해야 할지 몰라 그냥 "몰라요"라는 한마디로 대신하곤 합니다. 아이들에게는 자신의 상태를 정확히 알고 분석할 무언가가 필요합니다.

공부, 학습, 배움 등의 말로 표현되는 '앎'은 '안다'와 '모른다'로 이분화되지 않고 여러 단계로 나뉩니다. 내가 어떤 것을 아는지 모르는지, 그리고 안다면 얼마나 아는지 정확히 파악해야만 부족함을 채워 앎의 마지막 단계까지 갈 수 있습니다. 두루뭉술한 상태에서는 부족한 부분을 알 수 없기에 채우기 어렵습니다. 이때 필요한 것이 바로 '메타인지'입니다.

- 메타인지란?

인지 위의 인지, 즉 자신의 인지 과정에 대해 생각하여 자신이 아는 것과 모르는 것을 자각하는 것과 스스로 문제점을 찾아내고 해결하며 자신의 학습 과정을 조절할 줄 아는 지능과 관련된 인식을 의미한다.

얼마 전부터 교육계에서는 메타인지에 대해 크게 주목하고 있습니다. 특히 메타인지가 공부 잘하는 아이들의 공통적인 특징으로 알려지면서, 가뜩이나 교육열이 높은 우리나라에서는 성적과 관련된 능력으로써의 메타인지에 대한 관심이 지대합니다. 하지만 메타인지는 공부에만 국한된 능력이 아닙니다. 내가 아는지 모르는지에 대해 구분하고 어느 정도 아는지 판단해서 다음에 해야 할 일을 계획할 수 있다면 공부는 물론 삶 전반의 효율성을 높일 수 있습니다.

또 다른 상황을 함께 살펴보겠습니다.

"어떻게 하는지 이해했니?"

"네!"

"그럼 이제부터 문제를 풀어보자."

그런데 이해했다는 아이들이 무슨 영문인지 문제를 풀지 못합니다. 실제로는 아는지 모르는지 명확하지 않은데, 대다수가 안다고 착각합니다. 선생님이 문제를 풀어줄 때는 다 이해한 것 같지만, 혼자 풀어보라고 하면 어려움을 겪는 아이들이 많습니다. 보고 이해하는 것과 실제로 할 수 있는 것은 다릅니다. 그래서 보고 이해하는 것을 실제로 할 수 있는지 확인하는 과정이 필요합니다. 그래야 아는 것과 모르는 것, 이해한 것과 실제로 할 수 있는 것을 구분할 수 있습니다.

그렇다면 어떻게 내가 아는 것과 모르는 것을 확인할 수 있을까요? 가장 좋은 방법은 바로 아웃풋을 해보는 것입니다. 머릿속에 입력된 지식을 밖으로 꺼낼 수 있으면 진짜 안다고 할 수 있지만, 그렇지 않다면 아직 안다고 할 수 없습니다. 아무리 새로운 정보라도 머릿속에서 이전의 지식 및 경험들과 긴밀하게 연결되어야만 제대로 활용할 수 있기 때문입니다. 아웃풋을 함으로써 우리는 아는 것과 모르는 것을 확인할 수 있을 뿐만 아니라, 메타인지도 키울 수 있습니다. 다행히 메타인지는 타고나는 것이 아니라 충분히 노력으로 계발할 수 있는 능력입니다. 그리고 근육처럼 훈련을 통해 단단하게 만들 수 있습니다. 그러므로 우리는 아는 것을 끊임없이 아웃풋해야 합니다.

대표적인 아웃풋 방법으로는 말하기와 글쓰기가 있습니다. 이 중 글쓰기는 메타인지를 최대한 활용하는 방법으로 메타인지를 키우는 데 특히 효과적입니다. 물론 말하기도 좋은 방법이지만, 마음먹지 않으면 기록으로 남기기 힘들고 아웃풋 과정을 세세하게 살펴볼 수 없습니다. 그리고 무엇보다 글쓰기와 메타인지의 과정은 굉장히 비슷합니다.

- 메타인지: 상황 인지 → 분석 → 판단(+피드백)
- 글쓰기: 주제 선정 및 정보 수집 → 구상 → 실제 쓰기(+고쳐 쓰기)

메타인지는 앞서 언급했듯 '사고에 대한 사고'입니다. 먼저 내 생각과 행동에 대해 제3자의 입장에서 바라볼 수 있어야 합니다.

글쓰기도 무엇을 쓸지 정하고 내용을 구상하기 위해서는 오감으로 정보를 받아들여야 합니다. 당연히 정보는 많을수록 좋습니다. 하물며 일기를 쓸 때도 하루 동안 있었던 일을 빠짐없이 떠올려야 그중에서 글감을 고르기 쉽습니다. 메타인지에서 많은 정보를 통해 상황을 정확히 파악해야 적절한 분석이 가능한 것처럼 글을 쓸 때도 상황에 대해 다각도로 정보를 수집해야 수월하게 구상할 수 있습니다.

정보를 받아들였으면 이제 분석할 차례입니다. 중요한 정보가 무엇인지 골라내고 필요 없는 정보를 가지치기합니다. 문제를 해결하려면 내가 가진 자원과 필요한 자원을 비교해서 전략을 세워야 하는데, 이때 객관적인 기준이 필요합니다. 어떤 것에 대해 자신만의 명확한 기준을 가지려면 경험치가 쌓여야 하며, 그래야만 의미 있는 노하우가 생깁니다. 글쓰기도 비슷합니다. 글을 쓸 때는 수많은 정보 중 내가 전달하고 싶은 것을 취사 선택해서 배치해야 합니다. 당연히 누가 가르쳐줘서 알기에는 한계가 있습니다. 스스로 글을 많이 써보면서 경험을 통해 감각적으로 알아야 합니다.

메타인지에서는 정보를 분석한 다음에 마지막 단계로 판단을 합니다. 적절한 행동 전략을 세워 실행에 옮기게 됩니다. 행동의 결과는 다시 경험치로 쌓여 그다음 상황에서 더 세밀한 분석을 가능하게 합니다. 글쓰기 역시 구상한 것을 실제 글로 써보며 시행착오를 겪습니다. 적절한 단어를 선택하고 순서를 효율적으로 정하며 알맞은 예를 들어 글을 쓰는 경험은 스스로, 혹은 타인의 피드백을 통해 표현력 향상의 밑거름이 됩니다.

메타인지를 발달시키는 데 글쓰기가 중요한 이유는 다음과 같습니다. 먼저 글쓰기는 자신의 생각을 계속 검토하고 조절하는 과정입니다. 글을 쓰면 주제를 무엇으로 할지, 어떤 흐름으로 전개할지, 글의 시작을 어떻게 열지, 어떤 단어를 선택할지, 마음을 어떻게 표현할지, 더 쓸지 그만 쓸지 등 무수히 많은 생각을 끊임없이 하게 됩니다. 이때 아이들은 크고 작은 선택을 하게 되는데, 선택에 따라 좋은 글이 되기도 하고 그렇지 않은 글이 되기도 합니다. 바로 이런 성공과 실패의 경험들이 메타인지의 기반이 됩니다.

그리고 어떤 주제에 대해 글을 쓰다 보면 아는 내용은 거침없이 쓰게 되지만 모르는 내용은 쓸 수가 없어 멈추게 됩니다. 이때 자연스럽게 내가 모르는 것에 대해 알 수 있습니다. 그러면서 모르는 내용을 알기 위해 누군가에게 물어보거나 책과 인터넷 등 자료를 찾아보게 되고, 그 후 정보를 얻어 다시 이어서 글을 씁니다. 글을 쓰는 과정에서 아는 것과 모르는 것을 확실히 인지하게 되는 일은 문제 해결을 위한 적절한 행동으로 연결되기에 유익합니다.

마지막으로 메타인지는 인지를 조절해 행동을 통제하는 핵심 본부 역할을 하는 것으로, 정확한 판단을 하려면 기준이 명확해야 합니다. 이 기준을 마련해주는 것이 글쓰기입니다. 글쓰기는 머릿속에 산재된 생각들을 글로 명확히 표현하는 것이기에, 글을 쓰면서 막연했던 생각과 감정을 스스로 구체화할 수 있습니다. 당연히 나에 대해 정확히 파악하는 것은 판단을 할 때 기준이 되어줍니다.

글쓰기 교육의 필요성은 메타인지의 발달과 더불어 아이들의 삶 전반에서도 유효합니다. 요즘 사람들은 항상 스마트폰을 들고 다닙니다. 시시각각 누군가와 메시지를 주고받으며 SNS에 일상을 업로드합니다. 디지털 시대를 사는 사람들은 과거에 편지와 유선 전화로 의사소통을 할 때와는 비교도 안 될 만큼 더 많이, 더 자주 글을 씁니다. 틀만 바뀌었을 뿐 본질은 글쓰기인 셈입니다. 디지털 시대에 더 활발하게 글쓰기가 통용된다는 사실에서 우리는 글쓰기 교육의 필요성을 다시 한번 찾을 수 있습니다.

어릴 때부터 글쓰기 교육은 이뤄져야 합니다. 일상이 글쓰기인 사회를 살아갈 아이들에게 자신의 생각을 바르고 정확하게 표현할 수 있는 능력은 반드시 필요합니다. 그래야 긍정적인 관심과 반응을 통해 자신이 가진 능력을 더 크게 펼칠 수 있습니다. 언택트 시대는 사람 간의 관계가 단절된 것이 아니라 새로운 방식으로 전환된 것입니다. 비대면 사회일수록 매력적인 글로써 나를 알리며 나의 생각을 전하는 능력을 갖추는 일은 더욱 중요합니다.

이 책의 1장에서는 초등 아이들의 메타인지를 발달시키는 데 글쓰기가 얼마나 중요한 역할을 하는지 살펴봅니다. 해야 할 일이 많은 아이들이 왜 무엇보다 우선해서 글쓰기를 해야 하는지, 부모님들이 왜 무엇보다 우선해서 글쓰기를 가르쳐야 하는지 그 이유에 대해 학교에서의 경험을 토대로 풀었습니다. 2장에서는 초등 공부 전반에서 글쓰기를 활용해 메타인지를 키우는 방법을 다뤘습니다. 이 내용을 통해 글쓰기와 학습이 연결될 때 큰 효과가 난다는 사실을 알 수 있을 것입니다. 그리고 3장과 4장에는 각각 초등 1~4학년, 초등 5~6학년에게 적용할 수 있는, 메타인지를 발달시키는 학년별 글쓰기 지도 전략을 담았습니다. 한글을 막 배운 1학년부터 4학년 초반까지는 글쓰기에 재미를 느끼기 위한 활동이 필요하며, 그 다음부터 본격적인 글쓰기가 가능합니다. 편의상 학년을 구분하긴 했지만, 아이마다 글쓰기 실력은 개인차가 크기 때문에 제시된 전략들은 글쓰기에 접근하는 단계적 흐름으로 파악하면 됩니다. 마지막 5장에서는 메타인지를 키우기 위한 장르별 글쓰기 방법을 초등 교과 내용을 중심으로 하여 구체적으로 제시했습니다. 글을 쓸 때는 내용과 형식이 모두 중요합니다. 장르별로 글쓰기 틀을 아는 것은 메타인지를 작동시키는 기준과도 같습니다. 제대로 된 기준이 생긴다면 아이들은 두려움 없이 조금 더 쉽게 글을 쓸 수 있을 것입니다.

지금, 아이가 글쓰기를 싫어하나요? 글쓰기가 너무 좋아서 시작하는 아이들이 몇이나 있을까요? 아무리 싫어도 삶에 도움이 될 만한 무기라면 아이를 위해 기꺼이 소개하고 물꼬를 터주는 것이 어른의 몫이라고 생각합니다. 사실 글쓰기는 아무리 재미있게 하더라도 에너지가 많이 소모되는 일입니다. 그렇기 때문에 글쓰기를 짧고 쉽게 만들어 아이들이 해볼 만하다는 생각을 갖고 꾸준히 할 수 있도록 도와줘야 합니다. 피드백을 하고 다양한 전략을 적시적소에 사용하면 됩니다. 글쓰기 실력은 하루아침에 쌓이지 않습니다. 하지만 꾸준히 하면 반드시 실력을 쌓을 수 있습니다. 이 책과 함께 글쓰기를 시작한다면 아이들은 자신의 머릿속과 마음속 이야기를 글로 자유롭게 표현할 수 있을 것입니다. 그뿐만 아니라 공부에 결정적 도움을 주는 메타인지 또한 발달시켜 자기 주도 학습으로 한 걸음 더 나아갈 수 있을 것입니다.

차례

［1장 ▷

초등 메타인지, 왜 글쓰기로 키워야 할까

메타인지를 키우는 단계별 초등 글쓰기
기초 다지기 4단계

메타인지를 키우는 학년별 초등 글쓰기
저학년 편

4장

메타인지를 키우는 학년별 초등 글쓰기
고학년 편

메타인지를 키우는 장르별 초등 글쓰기
일기부터 신문 기사까지

초등 메타인지,
왜 글쓰기로 키워야 할까

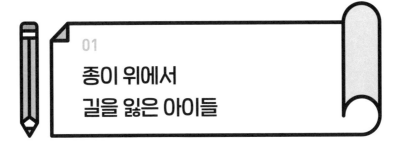

01

종이 위에서
길을 잃은 아이들

- 그림에 나타난 텔레비전의 마음을 생각하며 크록텔레 가족에게 하고 싶은 말을 써보세요.(2학년 2학기 국어-가)

- 더 알고 싶은 내용을 조사해 친구들과 이야기해보고, 그 내용을 정리해봅시다.(3학년 1학기 국어-나)

- 우리 모둠이 만든 건물 모형에서 개선할 점을 써봅시다.
(4학년 2학기 과학)

- 어느 마을에 사는 사람 수는 6,978명입니다. 이 마을의 사람 수를 어림했더니 7,000명이 되었습니다. 어떻게 어림했는지 보기의 어림하는 방법 중 2가지 방법으로 각각 설명해보시오.

(5학년 2학기 수학)

* 여러분이 생각하는 우리 사회의 문제점과 해결 방안을 써봅시다.(6학년 1학기 사회)

초등학교 교과서에 나오는 질문이다. 수업 시간이 정해져 있다 보니 학교에서 생각하고 답을 쓰는 데 주어지는 시간에는 제한이 있다. 아이들은 뭐든 쓰긴 써야 하는데 도통 손이 움직이질 않는다. 이리저리 끄적끄적 쓰는 시늉을 해보지만 머리가 멈춘 듯 손이 고장 난 듯 하얀 종이는 처음 그대로다. 몇몇 빨리 쓰는 아이들을 빼고는 비슷한 상황이다. 정해진 시간이 지나고 "다 못 한 사람?"이라는 질문에 쭈뼛쭈뼛 손이 올라온다. 아무것도 못 쓴 것이 부끄러워서인지 손이 하나둘 천천히 올라오는데, 생각보다 많다.

시간을 더 준다고 모두가 자신의 생각과 의견을 쏟을까? 아니다. 아직도 못 쓴 아이들이 많다. 사실 뭐라고 써야 할지 아이디어가 없거나, 아이디어가 있어도 그걸 어떻게 써야 할지 몰라 시간을 더 줘도 못 쓰는 건 마찬가지다. 뭐라도 써야 해서 억지로 쓴 아이들의 글은 자신의 생각이 담기지 않은, 의미 없는 낱말의 나열일 뿐이다. 아이들은 종이 위에서 길을 잃었다.

언젠가 우리 반 아이들에게 글쓰기에 대해 어떻게 생각하는지 진지하게 물었다. 아이들은 나름대로 곰곰이 생각해보더니 이렇게 대답했다.

온갖 부정적인 이야기들이 나왔다. 당황스러웠다. 아이들에게 글쓰기란 하기 싫고 귀찮으며 어려운 것이었다. 왜 이렇게 되었을까? 초등학생들은 '재미'에서 동기가 생겨난다. 뭐든 재미있으면 누가 하라는 말을 하지 않아도 알아서 움직인다. 선생님이 설명하고 주도하는 수업에서는 딴생각을 하고 졸던 아이도 게임이나 프로젝트 활동을 할 땐 두 눈을 반짝이며 참여한다. 친구들과 소통하고 경쟁하는 것이 재미있기 때문이다. 놀 때도 마찬가지다. 공부에는 취미가 없는 아이도 점심시간에는 밥 먹는 시간을 줄여가며 운동장에서 축구를 신나게 한다. 신체 활동을 싫어하고 조용한 아이도 자신이 좋아하는 그림을 그릴 때만큼은 생기가 돈다. 이처럼 아이들은 필요보다는 재미에 의해 움직인다.

그렇다면 글쓰기는 어떨까? 아이들에게 글쓰기는 재미있는 대상일까? 아이들에게 글쓰기는 일기, 독서록, 그리고 교과서에 나오는 질문에 대한 답 쓰기가 대부분이다. 이외에 글쓰기는 거의 없다. 모두 공부와 숙제의 연장선이다. 스스로 하고 싶어서가 아니라 학교에서 선생님이 시키니까, 교과서에서 하라고 하니까 하는 것이다. 재미있을 리가 없지 않은가?

아이들을 가르치는 교사로서 시간 안에 아이들이 문제의 답을 글로 쓰지 못하면 답답하기도 하고, 빨리 진도를 나가야 하는데 언제까지 시간을 줘야 할지 고민하기도 했다. 시간을 더 줘도 못 쓰는 아이들을 보며 쓰기가 싫어서 그런 것은 아닌지, 수업에 집중을 안 하는 것은 아닌지 의심했다. 이런저런 고민 끝에 아이들의 입장이 되어 답을 쓰는 게 얼마나 어렵고 힘들지 생각해봤다. 아이들은 수업도 열심히 들었고 어떻게든 써보려고 애를 썼지만 잘 안 되는 모양이었다. 정말로 답을 모르는 아이도 있었지만, 많은 아이들이 머릿속에 가득한 생각을 글로 옮기지 못하고 있었다. 왜 그럴까? 아이들에게는 글쓰기에 대한 '마음의 벽'이 있기 때문이었다.

재미가 있어야 흥미를 느끼게 되고 그로 인해 행동하게 된다. 하지만 안타깝게도 글쓰기에 흥미를 느끼고 실제로 쓰기에는 우리의 교육 환경이 재미와는 굉장히 멀다. 학교에서도 가정에서도 너무 쉽게 "왜 이렇게 짧게 써?", "시간 충분히 줬잖아. 왜 시간 안에 못 써?" 하며 아이들을 몰아붙이는 건 아닌지 모르겠다. 이런 말들이 아이들로 하여금 더 글쓰기를 싫어하게 만들고 힘든 숙제처럼 여기게 할 뿐이다.

아이들에게서 글쓰기에 대한 희망을 찾아보자. 글쓰기가 언제나 싫은 건 아닐 것이다. 좋아하는 친구에게 몰래 편지를 쓰는 연지의 표정에는 설렘이 가득하다. 자신을 회장으로 뽑아달라고 연설문을 쓰는 남진이는 비장하다. 친구와의 오해로 힘든 시간을 보내며 자신의 마음을 전달하려 쪽지를 쓰는 민희는 간절하다. 찬반 토론 협의 시간에 상대 팀을 이기기 위해 반론과 근거를 쓰는 수민이에게선 긴장감이 느껴진다. 형석이에게 고백하려 연애 편지를 쓰는 채영이의 표정에는 사랑이 넘친다. 쉬는 시간마다 공책에 소설을 쓰는 선진이는 행복하다. 이렇게 모두들 글을 쓸 때 감정이 살아 있다. 설렘, 비장, 간절, 긴장, 사랑, 행복 등의 감정이 글 속에서도 살아 숨쉰다.

아이들은 쓰고 싶은 마음이 들 때 써야 재미를 느끼면서 글을 쓴다. 그리고 이런 글에만 감정과 생각이 담긴다. 감정이 있어야 살아 있는 글이고 생각이 담겨야 진짜 글이다. 아이들의 삶과 맞닿은, 아이들의 눈높이에 맞춘 글쓰기라면 재미있어하지 않을까? 아이들의 필요와 감정에 맞춰 글쓰기를 한다면 조금 더 큰 효과를 낼 수 있을 것이다. 이 지점에서 아이들이 글쓰기 자체에 흥미를 잃은 것은 아니라는 희망을 찾아본다.

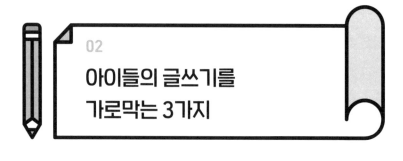

02

아이들의 글쓰기를 가로막는 3가지

　글쓰기는 삶과 밀접한 생활 활동이며 자라나는 아이들에게 반드시 가르쳐야 할 필수 능력이다. 글을 쓰려면 대상에 대해 깊이 생각하는 과정이 필요하므로 글쓰기는 사고력을 발달시킨다. 그리고 글쓰기를 통해 적절한 어휘를 적절한 위치에 배치하며 생각을 효과적으로 표현하는 능력 또한 기를 수 있다. 하지만 안타깝게도 아이들의 글쓰기를 가로막는 3가지가 있다.

그동안 수많은 아이와 부모들을 만났다. 대부분의 부모들은 아이의 행복을 꿈꾸고 그 행복이 어디에서 오는지 고민한다. 하지만 안타깝게도 주변의 이런저런 말에 흔들리며 공부를 잘하는 것만이 행복의 지름길이라고 생각한다. 물론 예전보다는 덜하지만, 운동을 잘하거나 악기를 잘 다루는 아이보다 '공부 잘하는 아이'가 다른 부모들의 훨씬 큰 부러움을 사는 건 사실이다. 정말 공부를 잘하면 행복할까? 조금만 주변을 살펴봐도 그렇지 않다는 것을 쉽게 알 수 있음에도 불구하고 부모들은 알 수 없는 강한 믿음으로 아이의 성적이 오르길 바라고 이를 위해 사교육에 전력투구한다. 사실 아이들이 행복을 느끼는 순간은 다양하다. 칭찬을 받았을 때, 상을 받았을 때, 용돈을 받았을 때 등 무수히 많은 장면에서 크고 작은 행복을 느낀다. 좋은 성적을 받았을 때는 그중 하나일 뿐이다.

아이들이 행복을 느끼는 순간을 종합해보면 '자신에게 좋은 변화가 생겼을 때'다. 이때 외적인 변화보다는 내적인 변화로 인한 행복감이 더 길게 유지된다. 내적인 변화는 혼자만의 시간 속에서 일어난다. 혼자 자신의 삶을 돌아보고 깨달을 때 변화가 찾아오며, 이런 변화는 내적인 충만감을 가져온다. 글쓰기로 이것이 가능하다고 생각한다. 교육 체계가 수능과 대입에 초점이 맞춰져 있다 보니 학교도 가정도 아이들에게 시험을 위한 공부만 시킨다. 아이들은 바쁘게 학원을 오가며 정해진 시간 내에 문제를 해결하는 연습을 한다. 왔다 갔다 피곤한 아이들에게 혼자만의 시간은 부족하고 생각할 시간은 주어지지 않는다. 공부하느라 바빠 글쓰기로 내면을 채울 여유는 당연히 없다.

여기까지가 아이들의 글쓰기를 가로막는 첫 번째 이유다. 수능에 초점이 맞춰진 교육 체계와 성적으로 행복이 좌우된다는 인식은 아이들이 스스로 생각하고 정리하는 시간을 빼앗는다. 생각을 다듬는 글쓰기보다는 시험에 나올 만한 내용을 외우는 것이 성적을 올리는 데 더 효율적이다. 실제로 삶에서 글쓰기는 생활이자 더없이 중요한 능력임에도 학교에서는 동떨어진 교육을 하고 있다. 그렇기에 대학 입시에서 논술 시험 준비를 사교육으로 따로 하게 되는 것이다.

🗂 스마트폰의 지나친 사용

아이들은 스마트폰으로 친구들과 이야기할 때 매우 빠르게 글을 쓴다. 대화 속에는 의미 없는 말과 신조어가 많다. 채팅 속도가 매우 빠르기에 조금이라도 느리게 글을 쓰면 좀처럼 대화에 끼어들기가 힘들다. 빨리 써야 존재감을 드러낼 수 있기에 단문과 줄임말을 쓸 수밖에 없다. 평소 이렇게 글을 쓰다 보니 긴 호흡으로 써야 하는 글은 낯설고 지루하기만 하다. 스마트폰에서는 단어만 툭툭 던져도 의사소통이 되는데, 제대로 글을 쓰려면 주어, 서술어, 목적어 등 형식을 갖춰야 하니 어렵고 겁이 난다. 그리고 스마트폰처럼 바로바로 쓰지 못하고 생각의 과정을 거쳐야 해서 시간이 걸리는데, 역시 아이들에게는 힘들다. 게다가 스마트폰처럼 친구들의 반응이 곧바로 오지 않아 재미도 없다.

아이들은 일상에서 계속 잘못된 언어를 사용하기 때문에 자신의 언어가 맞춤법에 어긋났다는 사실조차 알지 못한다. 스마트폰 속 친구들과의 대화에서는 전혀 문제가 되지 않았기에 오류에 대한 인식이 없다. 일기나 독서록에 잘못된 단어가 반복되어 고쳐서 알려주면 고학년인데도 처음 알았다는 표정이다. 예전에는 저학년이나 틀릴 법한 단어를 이제는 고학년이 자주 틀린다는 느낌을 받는다. 바른 언어를 제대로 배우지 못한 상태에서 신조어, 줄임말, 은어 등을 접하면 옳고 그름을 구분하지 못하고 사용하게 되어 그대로 굳어진다. 바른 언어를 사용하지 못하니 글쓰기는 당연히 어려운 일일 수밖에 없다.

글쓰기에 대한 부모의 잘못된 생각

많은 부모들이 한글만 알면 책을 읽을 수 있다고 생각한다. 하지만 글자를 읽는 것과 글을 이해하는 것은 다른 영역이다. 글쓰기도 마찬가지다. 글자를 안다고 해서 모두 글을 쓸 수 있는 것은 아니다. 글은 어떤 대상에 대해 생각과 느낌을 담아서 써야 한다. 그리고 의도에 적합한 단어를 사용해서 생각이 잘 드러나게 써야 한다. 하지만 대부분의 부모들은 글자만 알면 글쓰기는 어렵지 않다고 생각해서 이 부분의 교육을 게을리한다. 글쓰기는 절대 저절로 되지 않는다. 반드시 꾸준한 연습이 필요하다.

더불어 글쓰기를 국어의 일부 영역으로 생각하는 것도 문제다. 글쓰기는 국어에만 해당되지 않고 모든 과목에 필요한 필수 영역이다. 교과서의 문제만 살펴봐도 모든 과목에서 아는 내용을 글로 표현하기를 요구한다. 글쓰기는 모든 것의 기초며, 어떤 과목에서든 필수 능력인 셈이다. 그러므로 글쓰기는 공부하고 남는 시간에 하는 것이 아니라 공부보다 오히려 더 우선으로 시간을 할애해서 해야 한다. 아무리 많은 정보가 들어온다고 한들 저절로 내 것이 되지 않는다. 정보를 머릿속에서 해석하고 재조직하여 밖으로 표현하는 과정, 즉 아웃풋이 있어야 진짜 내 것이 된다. 글쓰기 연습이 부족한 아이들은 자신이 아는 것을 표현하는 데 어려움을 겪는다. 그런데도 부모들은 공부하고 남는 시간에 일기를 쓰게 한다. 천천히 하루를 돌아보며 진지하게 쓰지 못하고 학교 숙제니까 해치우듯 빨리 써야 하니 아이들은 글쓰기에 흥미를 붙이기가 참 어렵다. 부모라면 우리 아이에게 지금 글쓰기가 어떤 의미인지 한번 생각해보자. 그리고 아이의 교육에 있어 무엇이 우선일지 다시 한번 생각해본다면 현재의 글쓰기 교육은 충분히 개선될 수 있다.

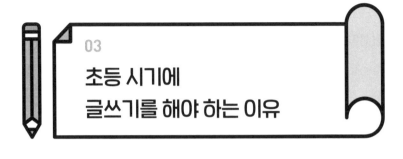

초등 시기에
글쓰기를 해야 하는 이유

매년 새로운 아이들을 맡을 때마다 중점을 두고 지도하는 것이 바로 글쓰기다. 일기 쓰기, 주제 글쓰기, 배운 내용 글쓰기 등 다양한 방식을 시도한다. 꾸준히 글을 쓰면서 재미를 붙이는 아이들도 있지만 싫어서 대충 쓰는 아이들도 많다. 하지만 개인적으로는 시간문제일 뿐 '변하지 않는 아이는 없다'라는 믿음으로 포기하지 않는다. 그러다 보면 어느새 아이들은 글쓰기에 대한 거부감을 떨쳐 버리고 매일 밥을 먹거나 잠을 자듯 습관적으로 글을 쓴다.

초등 6학년 시기를 함께 보냈던 B가 수능을 마치고 나를 찾아왔다. 중고등학교 때는 바빠서 가끔 메시지만 주고받았는데, 이제 여유가 생긴 모양이었다. 잊지 않고 찾아준 제자가 반갑고 고마웠다. 한창 이야기를 나누던 중 B가 이런 말을 했다.

"선생님, 저 논술로 대학 갔잖아요. 매일 글 쓰던 일이 도움이 많이 되더라고요."

초등학교 시절 B는 조용한 편이었고 말로 표현하는 것에 서툴렀다. 그러던 중 6학년 때부터 나와 함께 매일 글쓰기를 하게 되었다. 처음에 B는 글쓰기를 귀찮아하고 싫어했지만, 선생님이 피드백을 해주는 재미에 계속 잘 써나갔다. 그러면서 자연스럽게 생각을 글로 옮기는 글쓰기에 매력을 느끼게 되었다. 물론 중학교에 들어가면서부터 공부할 양이 늘어나 글을 쓸 시간이 턱없이 줄어들었지만, 초등학교 때 글쓰기를 많이 해둔 덕분에 B는 혼자 자신만의 글쓰기를 간간이 해나갔다. 일기장에 하루의 감정을 쏟아내는 글을 쓰기도 했고, 공부하다 지칠 때면 공부 내용을 설명하는 글로 적어보기도 했다. 드디어 고3이 되어 대학 입시로 논술 시험을 보게 되었는데, 여기서 좋은 점수를 받아 부족한 수능 점수를 만회할 수 있었다. B는 그때 깨달았다. 초등학교 때부터 꾸준히 해온 글쓰기 연습이 지금의 나에게 도움이 되고 있다는 사실을…….
B의 이야기를 들으면서 초등학교 1년간 함께했던 글쓰기가 빛

을 발한 것 같아 뿌듯했다. 단지 B만이 가질 수 있는 경험이 아니다. 초등학교 때부터 글쓰기에 친근함을 느끼고 앞으로 두려움 없이 쓸 수 있는 기반을 마련하는 일은 매우 중요하다. 그래서 내가 교사로서 아이들에게 무엇보다 꾸준히 지도하는 것이 바로 '글쓰기'다. 아이들이 앞으로 살아가는 데 가장 도움이 많이 될 것이 분명하기 때문이다. 그렇다면 왜 하필이면 초등학교 시기에 글쓰기를 해야 할까?

첫째, 글쓰기는 일상 그 자체다. 잘 인지하지는 못하지만, 생활 속에서 매일 주고받는 문자와 SNS는 사실 글쓰기다. 우리는 글로써 누군가에게 내 생각과 의견을 전하고 다른 사람과 소통한다. 부탁과 조언을 하고 진심이 담긴 마음을 전하기도 한다. 글쓰기가 이토록 삶에서 일반적이고 필수적인 활동이라면 당연히 그에 대한 훈련은 어릴 때부터 이뤄져야 한다.

둘째, 글쓰기 습관을 만들 수 있는 최적의 시기다. 초등 1학년은 글자를 배우고 글자로 문장을 만들어 글을 쓰는 단계를 처음으로 해보는 시기이기 때문에 이때 글쓰기를 어떻게 배우느냐에 따라 평생 습관으로 자리매김할 수도 있고 아닐 수도 있다. 어릴 때부터 과제로써 귀찮은 일이 아닌, 내 생각을 전달하는 수단으로써 글쓰기에 재미를 붙이면 앞으로도 글을 꾸준히 쓸 가능성이 커진다.

셋째, 초등학생들은 시도에 대한 두려움이 적다. 뭐든 재미있어

보이면 일단 해본다. 쉽고 재미있게만 접근한다면 초등학생들이 글쓰기를 해나가는 일은 충분히 가능하다. 물론 머릿속의 생각을 문장으로 표현하는 일은 쉽지 않지만, 한편으로는 굉장히 신기한 일일 것이다. 조금씩 계속 쓰다 보면 어느새 실력이 쌓여 자신감이 된다. 초등학교 때 많이 써봐야 중고등학교에 가서도, 성인이 되어서도 글쓰기를 두려워하지 않을 수 있다.

넷째, 우리나라는 교육 체계 특성상 중고등학교 시기에 글을 쓰기 어렵다. 안타까운 현실이지만 수능 준비에 매진해야 할 시기에 매일 온전히 글을 쓰기는 힘들다. 반면에 초등학교 시기는 상대적으로 여유롭다. 시간뿐만 아니라 생각도 갇혀 있지 않아서 보다 자유롭게 표현할 수 있으며 이러한 경험은 축적된다. 삶의 기본으로써 글쓰기 습관을 다잡기에 더없이 좋은 셈이다. 초등학생 때 글쓰기를 한 아이들은 중고등학교 시기에 잠시 쉬더라도 나중에 충분히 다시 시작할 수 있다.

다섯째, 글쓰기는 아이들의 성장 단계마다 중요한 역할을 한다. 초등학교에 들어가면 그림일기로 짧은 글쓰기를 시작한다. 학년이 올라갈수록 일기, 독서록 등을 잘 쓰는 것이 아이의 능력을 보여주는 지표 중 하나가 된다. 그리고 대부분의 교과서는 문제에 대한 답을 글로 쓰게 하는데, 이때 답을 잘 쓰는지 그 여부로 학업 수준을 평가한다. 학교 시험 역시 논술형, 서술형이 많아서 글쓰기를 잘하는 아이들이 좋은 점수를 받는 데 유리하다. 입시에서도 자기소개서와 논술은 큰 비중을 차지한다. 하지만 글쓰기 실력은 하루아침에 생기지 않는다. 학원의 속성 특강, 족집게 과외도 모두 소용이 없다. 초등학교 시기부터 차근차근 글쓰기를 해야 차곡차곡 실력이 쌓일 수 있다.

마지막으로 글쓰기는 그 무엇보다 메타인지를 키우는 데 아주 효과적이다. 글쓰기는 주제와 지식, 그리고 경험을 연결해 재조합한 뒤, 적절한 언어를 사용해서 하나의 새로운 결과물을 만들어내고 이를 고쳐나가는 과정이다. 이때 스스로 인지 과정을 객관적으로 관찰하고 끊임없이 피드백하며 수정하는 메타인지가 작용하게 된다. 그리고 프롤로그에서 언급한 것처럼 글쓰기와 메타인지의 과정은 유사점이 많기에 글쓰기 훈련은 사고뿐만 아니라 사고에 대한 사고를 자연스럽게 반복한다는 장점이 있다. 물론 초등 시기에 메타인지가 그렇게까지 중요한가 싶을 수도 있다. 하지만 우리가 아이들에게 초등 교육을 시키는 목적은 그 자체를 넘어 이후의 교육으로 나아가기 위한 기초를 다지는 데 있다. 초등 이후의 더 고차원적인 공부를 할 때나 깊이 있는 사고가 요구되는 문제를 해결할 때 메타인지의 작동을 활성화하기 위해 초등 시기에 메타인지의 기초를 탄탄히 하는 것은 매우 중요하다. 메타인지가 공부뿐만 아니라 아이들의 삶 전반에 영향을 미치는 중요한 능력이라면 초등 시기에 글쓰기를 통한 메타인지의 계발에 적극적으로 나설 필요가 있다.

나는 우리 반 아이들과 1년 동안 함께 글을 쓴다. 처음에는 단 1줄도 쓰기 어려워했던 아이들이 이제는 1쪽 쓰는 것쯤은 별것 아니라 생각하고 쓱쓱 잘 쓴다. 길이도 길이지만 내용도 일취월장이다. 맞춤법이 정확하고 논리적으로 완벽한 글이어서가 아니다. 초등 시기에는 작가로서의 역량을 키우기 위한 글쓰기 교육을 하는 것이 아니기에, 자신이 생각하는 바를 적절한 단어로 표현할 수 있는 것만으로도 아이들이 잘하고 있다고 생각한다. 그렇다고 특별하게 글쓰기 교육을 한 것은 아니다. 다만 글을 쓸 기회를 많이 줬을 뿐이다. 많이 써본 우리 반 아이들이 성장하면서 두려움 없이 자기 생각을 글로 표현할 수 있으리라 믿는다.

어른이 되어서도 글쓰기를 두려워하는 사람들이 많다. 글쓰기로써 나를 표현하고 실력을 더 돋보이게 할 수 있음에도 글쓰기가 두려운 나머지 앞에 나서질 못한다. 자기소개서를 쓸 때도 막막해서 다른 사람의 도움을 받으려 한다. 내 이야기를 누구보다 잘 아는 사람이 나임에도 불구하고 글을 쓸 자신이 없어 남에게 부탁한다. 하고 싶은 말이 있는데 어떻게 표현해야 할지 막막하다. 글로 명확하게 쓰고 싶은데 잘되지 않는다. 이처럼 어려움을 겪는 사람으로 키우고 싶은가? 글쓰기를 하기에는 초등 시기가 적기다. 그리고 초등 시기에 하는 글쓰기는 공부의 중심을 잡아주는 메타인지를 키우는 데 큰 도움이 된다. 글쓰기, 더 이상 미루지 말고 초등학교 때부터 쉽고 재미있게 시작해보자.

학교생활의 기반을 만드는 글쓰기의 힘

글쓰기의 힘을 느껴본 적이 있는가? 글쓰기의 효과는 단지 글쓰기 실력을 향상시키는 데만 국한되지 않는다. 글쓰기는 여러 면에서 아이들을 성장시킨다.

첫째, 글쓰기는 비판적·논리적 사고력을 길러준다. 주제에 대해 쓸거리를 만들고 어떤 단어를 선택할지, 어떻게 문단을 구성할지 고민하고 고쳐 쓰면서 비판적 사고를 반복하게 된다. 그리고 자기 생각을 다른 사람에게 제대로 전달하기 위해서는 뒷받침할 근거와 자료를 갖고 논리적인 글을 써야 하는데, 이를 위해 노력하는 과정에서 논리적 사고를 하게 된다. 논리적 사고력은 복잡한 사회 문제를 단순화하고 현명하게 문제를 해결하는 데 필수적인 요소다. 그뿐만 아니라 스스로의 인지 과정에 대해 고찰하는 메타인지 발달의 초석이 된다.

둘째, 글쓰기는 의사소통 능력을 신장시킨다. 주식 투자의 귀재 워런 버핏은 매년 많은 사람들에게 보고서를 보낸다. 과연 이 보고서의 문체는 어떨까? 워런 버핏은 수준 높은 지식을 많이 가졌음에도 불구하고 보고서만큼은 상대방이 가장 쉽게 이해할 수 있는 언어로 쓴다고 한다. 그의 표현을 빌리면 '오랫동안 떨어져 살아온 여동생에게 설명하듯이' 말이다. 꾸준히 글쓰기를 하다 보면 글을 읽을 누군가를 저절로 떠올리게 된다. 상대방이 이해할 수 있는 언어로 표현해야 진짜 의사소통이 아닐까? 글을 쓰며 상대방을 생각하는 마음은 사회성의 기초가 될 것이다.

셋째, 글쓰기는 학교생활에 있어서 더없이 중요한 능력이다. 글쓰기를 하려면 쓸거리가 있어야 하고, 그러려면 많이 보고 들어야 하며, 나아가 생각까지 해야 한다. 글을 쓰다 보면 아이들은 말 그대로 '글감 사냥꾼'이 된다. 뭐든 써야 하기에 더 열심히 보고 귀 기울여 듣는다. 그래서 수업 태도까지 좋아진다. 수업 태도가 좋으면 쓸거리가 풍부해지고 글로써 정리를 잘하게 되며, 이는 복습으로 이어져 좋은 성적을 받게 된다. 여기에 하나 더, 글감을 위해 아이들은 독서를 꾸준히 하게 된다. 독서를 하면 어휘가 늘어나 내가 하고 싶은 말과 알고 있는 지식을 잘 버무려 표현할 수 있다. 그뿐만 아니라 독서는 배경지식을 쌓고 세상에 대한 호기심을 충족시켜주므로 아이들을 지적 · 정서적으로 성장시킨다.

넷째, 글쓰기는 생각할 시간을 선물한다. 짧게 쓰든 길게 쓰든, 열심히 쓰든 성의 없게 쓰든 글을 쓰려면 생각하는 시간은 반드시 확보되어야 한다. 생각하기 위해 앉아 있는 습관과 엉덩이 힘은 공부할 때 많은 도움이 된다. 그리고 깊이 있는 사고를 하며 자신만의 목표를 정해 노력해나갈 추진력을 키울 수 있다. 생각하는 과정을 통해 목표를 정한 아이는 내적 동기 부여가 확실히 되기 때문에 행동으로 이어질 가능성이 커진다.

다섯째, 글쓰기는 감정 조절에 도움이 된다. 좋은 감정이 넘쳐흐를 때 글을 쓰면 평정심을 찾게 되며, 안 좋은 감정을 글로 표현하면 그런 감정들이 어느새 잦아든다. 마음속에 있는 여러 가지 감정들을 밖으로 꺼냄으로써 자신의 감정을 구체화해 있는 그대로 받아들이게 된다. 이와 관련해 우리 반 아이들과 함께하는 방법이 있다. 상처를 글로 담아내는 '자신의 일대기 쓰기' 활동이다. 공책에 어렸을 때부터 지금까지의 일들을 쓰게 한다. 분위기를 진지하게 조성하고 아무도 보지 않을 것을 약속한다. 선생님도 이 글만큼은 절대 보지 않는다. 아이들은 글을 쓰다가 어느 순간 자신의 상처를 조금씩 드러내기 시작한다. 부모님으로부터 받는 스트레스, 성적

등에 의한 경쟁과 비교, 친구들로부터의 따돌림 등 아이들의 상처는 참 많다. 마음속 깊은 곳의 아픈 순간을 글로 쏟아내는 아이들은 아주 진지하다. 그러고 나서 편안해진다. 이렇게 쓴 글은 공책의 반을 접어 가린다. 아이들은 표현함으로써 얻는 즐거움과 가벼워짐을 실감하고 이후로도 가끔 스스로 글을 쓰곤 한다. 아이들이 스트레스를 풀 수 있는 통로를 찾았다면 그것만으로도 글쓰기는 큰 힘을 발휘한 셈이다.

여섯째, 글쓰기는 자신을 사랑하게 한다. '나'에 대해 진지하게 생각해보는 시간은 아이들에게 꼭 필요하다. 그리고 이러한 생각들은 반드시 글로 남겨야만 의미가 있다. 초등학교 교과서에는 '내 생각 쓰기'에 대한 물음이 많지만, 이는 제시된 지문이나 주제에 대한 생각을 물어보는 것일 뿐, 진짜로 나에 대한 물음은 많지 않다. 그래서 우리 반 아이들과 글쓰기로써 간단히 나에게 집중하는 시간을 갖는다. '내가 좋아하는 것과 싫어하는 것 쓰기'다. 사실 아이들은 매일 글쓰기를 귀찮아했다. 뭘 써야 할지 모르겠다고 불만을 드러내기도 했지만, 그래도 매일 꾸준히 썼다. 코로나19로 등교하지 못하는 날에도 화상으로 만나 매일 나에 대해 생각하고 쓰는 일로 수업을 시작했다. 매일 글쓰기로써 나에게 집중하고 좋아하는 것과 싫어하는 것을 구체적으로 찾아보는 과정을 통해 아이들은 조금씩 자신에 대해 알아갔다.

"선생님, 이제 80개가 넘었어요. 이렇게 많이 찾다니 너무 신기해요."

아이들은 하나씩 쌓여가는 자신에 대한 정보에 뿌듯함을 느꼈고, 스스로 어떤 것을 좋아하고 싫어하는지 기준을 세워갔다. 글을 발표할 때 구체적이지 않은 아이들에게는 질문을 통해 생각을 구체화하도록 피드백을 했다. 아이들은 서로의 글을 보며 공감도 하고 칭찬도 하면서 성장했고 자신에 대한 지식과 믿음을 키웠다. 누구나 자신에 대해 잘 안다고 생각하지만, 사실은 잘 모르는 경우가 훨씬 많다. 두루뭉술한 생각과 퍼진 조각들을 한데 합쳐 글로 표현할 때 비로소 명확히 사고할 수 있고 자신에 대해 더 잘 알 수 있다. 이처럼 글쓰기는 자아 존중감과 자신감의 확립을 위해 매우 중요한 활동이다.

마지막으로 글쓰기는 상상력을 키워준다. 상상력도 계발하는 것이다. 연습을 하면 할수록 더 새로운 것을 끌어오고 더 창의적인 것을 만들어낼 수 있다. 이야기 쓰기 활동은 아이들의 상상력을 키우고 표현력을 기르는 데 효과적이다. 그중에서도 '소설 쓰기' 활동을 추천하고 싶다. 무척 재미있어서 쉬는 시간까지 쓰는 아이들도 여럿 있다. 아이들의 상상력은 어른보다 뛰어나다. 읽으면서 감탄할 때가 많다. 그리고 서로의 글을 읽으며 서로에게 배운다. 그 다음 소설은 더 자연스럽고 더 재미있어진다. 아이들은 글을 친구와 나누며 무의식중에 독자를 생각한다. 자연스럽게 독자(친구)가 재미있어하고 반응이 좋을 만한 글을 쓰고 싶어 한다. 그래서 글이 발전할 수 있는 것이다. 상상력은 실제 이루고자 하는 욕구를 불러일으켜 아이들을 생기 넘치게 하고 적극적으로 만든다.

이처럼 글쓰기로 얻을 수 있는 것들은 학교생활의 기반을 만들어줄 뿐만 아니라 보다 고차원적인 인지 능력으로 연결된다. 주제와 관련해 전체적인 상황을 정확히 파악하고 논리적으로 판단할 줄 아는 능력, 감정을 적절히 조절하고 통제할 수 있는 능력, 결과를 상상하여 계획을 수정하고 피드백할 수 있는 능력 등은 메타인지 그 자체이기 때문이다.

글쓰기에 왕도는 없다. 다양한 책을 읽으며 좋은 글을 많이 접하고 꾸준히 쓰고 훈련하면 글쓰기를 잘할 수 있다. 스스로 자신의 글을 냉정하게 바라볼 줄 알아야 하며 다른 사람의 조언과 의견에 귀를 기울여야 한다. 그리고 별로인 글을 쓸까 봐 걱정하는 대신에 용기 있게 자신의 색깔과 스타일로 '나다운' 글을 써야 한다. 글쓰기에서 가장 중요한 것이 무엇이냐고 묻는다면 바로 '훈련'이다. 매일 짧게라도 글쓰기 연습을 하는 아이들은 그렇지 않은 아이들보다 인생에서 필요한 것을 더 많이 손에 넣게 될 것이다.

공부의 중심을 잡는
메타인지와 글쓰기의 상관관계

초등학생이 할 수 있는 글쓰기의 영역은 무궁무진하다. '초등 글쓰기=일기, 독서록'이라는 고정 관념에서 벗어난다면 다양한 장면에서 글쓰기를 활용할 수 있다. 글쓰기를 생활화해야 쓰는 활동에 대한 거부감이 줄어들고 자기 생각을 표현하는 일에 익숙해진다. 학교생활의 대부분은 수업이기에, 나는 수업 시간에 배운 내용을 정리할 때 글쓰기를 활용한다.

실제로 많은 학교에서 활용하는 방법인 '배움 노트'는 공부뿐만 아니라 글쓰기에도 큰 효과가 있다. 과목별로 공책을 준비해서 한 과목의 수업이 끝날 때마다 그 시간에 배운 내용을 정리한다. 아이들은 수업 내용을 나름의 방식으로 구조화해서 핵심 내용을 정리한 후, 자신이 배운 내용을 한두 줄의 짧은 글로 쓴다. 한두 줄이라고 해서 만만하게 보면 안 된다. 문장은 짧지만 수업 시간에 배운 핵심어가 꼭 들어가야 하기 때문이다. 이처럼 간단해 보이는 활동으로 아이들은 40분의 수업을 정리하고 복습할 수 있다.

배움 노트를 쓰라고 하면 처음에 아이들은 어떻게 해야 할지 몰라 우왕좌왕한다. 문제집의 요약을 그대로 적어오는 아이들도 있고, 교과서 내용을 부분적으로 발췌해서 베껴오는 아이들도 있다. 이때 차근차근 방법을 알려주면 내용을 구조화해서 정리하는 게 뭔지 모르던 아이들, 핵심어가 들어간 글을 쓰는 데 감을 못 잡던 아이들이 어느새 변해간다. 잘 쓴 배움 노트를 보여주면 아이들은 그 친구를 칭찬하면서 배우려고 노력한다. 그렇게 한두 달을 보내고 나면 잘 쓴 배움 노트가 점점 늘어나고, 별도의 가르침이나 예시 없이도 대부분의 아이들이 알아서 잘 쓰는 단계에 다다른다.

수업 시간에 배운 내용을 정리하면서 한두 줄의 글을 쓰는 배움 노트가 아이들의 공부에 그렇게까지 크게 영향을 미칠까 싶을 수도 있다. 하지만 교사로서 학교 현장에서 느끼는 바는 생각보다 효과가 더 크다는 것이다.

첫째, 아이들이 수업을 더 잘 듣는다. 목적이 있으면 행동이 따르기 마련이다. 아이들은 수업이 끝나면 배운 내용을 써야만 하는 목적이 있는 상태다. 원래 공부 습관이 잡힌 아이들은 수업 태도가 좋기에 반복되는 핵심어를 잘 찾아 문장으로 정리한다. 의외라고 생각할 수도 있지만, 공부 습관이 전혀 잡히지 않은 산만한 아이들도 마찬가지다. 물론 처음에는 어려워하지만, 수업을 마치고 뭐라도 써야 하니 중간중간이라도 들어본다. 그러다 보니 내용이 이해되고 배움의 재미를 느낀다. 또 수업에 참여하는 자신이 괜히 뿌듯하다. 수업 내용을 완전히 이해하지 못했어도 들은 단어들로 짧은 문장을 쓰는 것쯤은 충분히 할 수 있다. 시간이 흐를수록 쓰는 단어들이 핵심어에 가까워진다.

둘째, 글로 정리하면서 학습에 동기 부여가 된다. 배움 노트를 쓴 내용이 쌓일수록 아이들은 스스로 보람을 느낀다. 특히 정리를 좋아하는 깔끔한 성향의 아이들의 경우에는 만족도가 더 크다. 친구들의 잘 쓴 배움 노트를 보면서 대부분이 잘 쓰고 싶은 마음을 갖게 되는데, 이는 좋은 수업 태도로 이어진다. 아이들은 더 열심히 수업을 듣고 잘 정리하기 위해 노력한다. 이때쯤이면 한두 줄로만 쓰라고 해도 더 길게 쓴다.

셋째, 분명한 복습 효과가 있다. 수업 시간에 나왔던 단어들을 기억해서 써야 하니 내용을 한 번 더 상기할 수밖에 없다. 혹시 기억이 안 나면 교과서를 다시 훑어봐야 하니 이 또한 복습 효과가 있다. 한두 번 들은 내용은 단기 기억이라 시간이 흐른 뒤에는 잘 떠오르지 않지만, 여러 번 읽고 들은 내용, 게다가 손으로 쓰기까지 했던 내용이라면 장기 기억으로 가서 아이들의 머릿속에 단단히 자리하게 될 것이다.

아이들이 수업을 열심히 듣고 그 내용을 글로 정리하면서 복습을 한다면 이것이 바로 공부 습관의 기본이 아닐까? 수업의 핵심을 찾는 일은 공부의 가장 중요한 부분이다. 핵심어를 찾아 간단히 한두 문장으로 써보는 활동만으로도 아이들은 공부 근육을 키울 수 있다.

글쓰기가 공부에 도움이 되는 이유는 또 있다. '생각하는 시간'을 갖게 하기 때문이다. 제대로 글을 쓰려면 반드시 대상에 대해 생각해야 한다. 책을 그대로 베껴 쓰는 것이 아닌 이상 생각하는 과정 없이는 글을 쓸 수 없다. 대상에 대해 보고 들은 뒤 아이들은 원래 갖고 있던 지식과 경험을 토대로 재해석하는 과정을 거쳐 자기만의 방식으로 해석한 내용을 글로 쓴다. 그리고 이때 자신의 인지에 대해 분석하고 피드백하는 메타인지가 작동한다. 글을 쓰는 과정에서 대상에 대해 충분히 생각할 시간을 가진 아이들은 메타인지, 즉 고차원적인 사고력이 발달하는 셈이다. 글쓰기를 통해 새로운 정보와 기존의 정보를 비교해 취사 선택한 뒤 재조합하는 과정을 반복한 아이들은 사고의 과정이 자연스러우며 그 속도 또한 빠르다. 이렇게 두뇌 회전이 빠른 아이들은 당연히 공부에도 유리하다.

그리고 글쓰기는 대상에 대한 완전한 이해가 있어야 가능하다. 어설프게 알거나 잘 알지 못한다면 글을 쓰기가 매우 어렵다. 한마디로 쓸 말이 없다. 하지만 대상에 대해 잘 안다면 상황이 180도로 달라진다. 저절로 글감이 샘솟아 막힘없이 글을 쓸 수 있다. 아이들은 글을 쓰기 위해 대상에 대해 잘 알 필요가 있고 잘 알기 위해 노력한다. 그래서 자세히 관찰하고 여러 가지 정보를 검색한다. 쓸거리를 만들기 위해 오감으로 보고 듣고 느낀다. 모든 감각을 열고 정보를 받아들이기 위해 노력하는 습관은 공부에 큰 도움이 된다. 그런가 하면 글을 쓰기 위해 대상을 알아가는 과정에서 또 다른 지적 호기심이 생기기도 한다. 아이들은 대상에 대해 알기 위해 꼬리에 꼬리를 무는 질문을 한다. 공부의 본질은 호기심에 따른 질문과 그 답을 알아가는 과정이다. 글쓰기가 이 과정을 도와준다.

마지막으로 엉덩이의 힘을 길러준다. 글을 쓰기 위해 고민하는 동안, 혹은 글을 쓰는 시간에 아이들은 자리에 앉아 있는다. 앉아 있는 시간이 길어질수록 다양한 생각을 할 수 있어 쓸거리가 많아진다. 물론 경우에 따라선 글쓰기를 앉아서 하지 않고 서서 하거나 움직이면서도 할 수 있다. 중요한 것은 무엇인가에 골똘히 집중하는 경험을 할 수 있다는 것이다. 하나에 오롯이 집중하는 습관은 당연히 공부에도 영향을 끼친다.

어느 날, 중학생이 된 수민이가 방과 후에 찾아와 가방에서 뭔가를 꺼내 보여준 적이 있었다. 손때가 묻은 공책이었다.

"선생님, 저 중학교 가서도 배움 노트 혼자 써요. 선생님이랑 같이 쓸 때 도움이 많이 됐거든요."

교실에서 함께하지 못하는데도 스스로 재미를 느껴 배움 노트를 쓰는 수민이가 너무 대견해서 아주 많이 칭찬해줬다. 담임 선생님이 숙제를 내줄 때는 어쩔 수 없이 한다고 해도 졸업하면 이어지기가 쉽지 않은데 말이다. 1년 동안 배움 노트를 쓰며 공부에 재미를 느끼고 효과를 본 아이들이 강제 없이 스스로 해나가는 모습은 그야말로 큰 변화다. 실제로 수민이는 성적이 향상되었고, 공부에 대한 자신감도 계속해서 커지고 있었다.

언젠가 학부모 상담 주간에 정현이 어머니는 이렇게 말했다.

"배움 노트를 정리하니까 따로 공부하지 않아도 단원 평가 점수가 신기하게 잘 나오더라고요. 처음에는 어려워했는데, 정작 해보니 하는 데 몇 분 걸리지도 않고 효과가 좋은 것 같아요."

비단 수민이와 정현이만의 모습이 아니다. 언뜻 글쓰기와 공부는 상관없어 보이지만, 사실 매우 밀접한 관련이 있다. 공부 습관을 갖추기 위해서는 다양한 조건이 필요하다. 호기심이 있어야 하고 공부에 재미를 느껴야 하며 대상에 몰두하고 그에 대해 생각하는 과정을 반복해야 한다. 그리고 자신의 공부 습관이나 사고의 과정을 객관적으로 살펴보고 수정할 수 있는 상위의 사고력, 즉 메타인지가 있어야 효율적인 공부가 가능하다. 메타인지는 글쓰기를 통해서 가장 효과적으로 키울 수 있다. 짧은 글이라도 매일 써보는 활동을 반복한다면 메타인지가 발달해 아이들이 공부하는 데 필요한 근육이 조금씩 생겨날 것이다. 절대로 어렵지 않다. 글쓰기, 쉽게 시작해보자.

본격적으로 글쓰기 전,
수준부터 파악하자

아이들의 글쓰기 수준은 천차만별이다. 아이의 수준을 파악한다면 어떻게 가르쳐야 할지 결정하는 데 도움이 될 것이다.

첫째, 글의 길이에서 차이가 난다. 같은 주제로도 어떤 아이는 쓸거리가 많아 길게 쓴다. 대상에 대해 구체적으로 설명하거나 비유의 표현을 사용하기 때문에 글이 전반적으로 길다. 반면에 어떤 아이는 아무리 시간을 줘도 길게 쓰지 못한다. 두세 줄도 숙제라서 억지로 쓴다. 10줄 이상 쓰라고 하면 10줄을 세서 먼저 표시부터 할 정도다. 그런 다음에 같은 말을 반복하거나 최대한 글씨를 띄엄 띄엄 써서 꾸역꾸역 10줄을 채운다. 길이만으로 글쓰기의 수준 차를 말하기는 어렵지만, 글을 많이 써본 아이들이 길게 쓸 수 있는 것은 사실이다.

〈제목: 온라인 수업〉

온라인 수업을 들어서 설레고 걱정도 많이 된다.

〈제목: 온라인 수업〉

온라인 개학을 해서 처음으로 온라인으로 수업을 들었다. 컴퓨터로 글을 쓰는 게 어렵고 복잡했다. 하지만 나 혼자서 수업을 듣는 것에 성공해서 아주 뿌듯했다. 타자 연습을 많이 해야겠다고 다짐했다.

〈제목: 온라인 수업〉

온라인 수업을 처음 했다. 선생님과 친구들을 만나 수업을 같이하지 않고 혼자 하는 것이 신기했다. 온라인 수업에는 장점과 단점이 있다. 장점은 듣고 싶은 시간에 들을 수 있고 빨리 끝낼 수 있다. 그리고 온라인이라 이동하지 않아서 편하다. 단점은 선생님과 친구들을 직접 만나지 못한다. 그리고 숙제가 많아 힘들다. 빨리 학교에 가서 수업을 하고 싶다.

→ 모두 3학년의 글. 같은 주제임에도 글의 길이에서 차이가 난다.

둘째, 글의 내용에서 차이가 난다. 비슷한 말을 반복하는 글, 적당한 단어를 고르지 못해 엉뚱한 단어를 사용한 글, 독서록을 쓰는데 책 내용을 완전히 이해하지 못하고 쓴 글, 주장하는 글을 쓰는데 근거가 부족하거나 적당하지 않은 예시를 드는 글, 편지를 쓰는데 앞뒤 인사말 빼고는 특별한 내용이 없는 글 등은 내용이 빈약하다고 할 수 있다. 그런가 하면 매끄럽고 반복 없이 다양한 이야깃거리가 이어지며 적당한 단어를 사용해서 생각을 명확하게 드러내는 글을 쓰는 아이도 있다.

〈제목: 학교 수업〉

오늘 과학 숙제가 잘 안 돼서 짜증 났다. 그래도 오늘은 너무 재미있었다. 1교시는 국어를 배웠다. 국어에서는 높임말을 배웠다.

〈제목: 학교생활〉

오늘 학교에서 재미있었다. 국어도 재밌고 사회도 재미있었다. 수학은 어렵고 재미없었다. 오후에는 슈퍼 가다가 친구를 만나서 놀이터에서 놀았다. 내일은 투표하는 날이다. 부모님과 투표하러 갈 거다.

〈제목: 학교에서 있었던 일〉

오늘은 미술 수업이 가장 재미있었다. 오늘은 내가 제일 좋아하는 그림

그리기 활동이었다. 내가 경험한 일 중에서 기억에 남는 일 한 가지를 골라 그림으로 표현하는 것이었는데, 마인드맵으로 즐거웠던 일, 슬펐던 일, 화났던 일 등을 적어보았다. 나는 작년 여름에 가족들과 바닷가에 갔던 일이 가장 행복했다. 그래서 그때의 경험을 그리기로 했다. 햇볕이 뜨거웠지만, 파라솔 그늘에서 동생과 모래 놀이도 하고 시원한 수박도 먹던 장면을 그렸다. 색연필과 사인펜으로 색칠을 하는데 모래를 색칠하는 게 쉬울 것 같았는데 어려웠다. 선생님이 반짝이 풀을 써보는 게 어떠냐고 하셔서 바닷물에 써봤는데 햇빛에 반짝이는 물 같아서 마음에 들었다. 빨리 집에 가서 엄마에게 그림을 보여드리고 싶다.

→ 모두 5학년의 글. 글쓰기 수준에 따라 내용에서 차이가 난다.

또 글쓰기가 잘 안 되는 아이들이 내용상 흔히 하는 실수는 주제에서 벗어난 글을 쓰는 것이다. 제목을 보고 어떤 내용일지 기대하는데, 실제 글은 다른 내용인 경우다.

〈제목: 재미있었던 학예회〉
학예회를 준비하면서 동작이 어려웠다. 학예회가 다가오니 조금 긴장이 되었고 설레기도 했다. 어른들이 얼마나 오는지 궁금하고 기대되기도 했다.

〈제목: 문구점〉

오늘은 문구점 가는 날이다. 내일 미술 수업 준비물이 있어서 갔다 왔다. 집에 왔는데 배가 고파서 라볶이를 먹었다. 너무 맛있었다. 매일 라볶이만 먹었으면 좋겠다.

→ 모두 3학년의 글. 제목과 내용이 맞지 않는다.

앞뒤가 맞지 않는 글도 당연히 못 쓴 글이다.

〈제목: 통일은 필요하다〉(5학년)

저는 통일이 꼭 되어야 한다고 생각합니다. 통일이 되면 이산가족이 만날 수 있고 백두산, 금강산도 갈 수 있습니다. (중략) 근데 북한 사람들하고 말도 안 통할 것 같습니다. 그래서 지금은 통일을 안 하면 좋겠습니다.

→ 앞뒤 내용이 맞지 않는다.

글의 길이와 내용의 차이는 사실 독서의 정도와 밀접하다. 평소 책을 많이 읽은 아이들은 인풋 정보의 양이 많기에 아웃풋 정보의 양도 많고 질도 높을 수밖에 없다. 아이들은 책을 읽으면서 내용에 대해 생각하고 자신의 기존 경험이나 지식과 연결 지어 재해석하는 과정을 끊임없이 겪는다. 그러므로 깊이 있게 생각하는 연습을 충분히 해서 내용이 풍부한 글을 쓸 가능성이 커진다. 책 속의 정돈된 글을 많이 접함으로써 글을 잘 쓸 수 있는 감각을 자연스럽게 익힐 수도 있다.

셋째, 맞춤법에서도 차이를 보인다. 아무리 내용이 좋아도 맞춤법이 많이 틀린 글은 가치가 떨어져 보인다. 요즘 인터넷상에서 신조어나 줄임말을 많이 쓰는 현상도 큰 영향을 미치고 있다. 그리고 맞춤법도 독서와 관련이 깊다. 책을 많이 읽어 바른 글이 눈에 익은 아이들은 글을 쓸 때 맞춤법이 틀리면 감각적으로 잘못을 알아차린다. 늘 보던 글과 뭔가 다르기 때문이다. 잘못을 알아차려 고친다면 어느 순간 올바른 맞춤법에 따라 글을 잘 쓰게 될 것이다. 하지만 독서량이 부족한 아이들은 그 차이를 알기가 어렵다.

- 독도는 우리 땅인대 자기 땅이라고 우기는 것도 심한대 드론까지 날리는 것은 잘못댄 것 같다.
- 현충일에는 매번 까먹지 안게 컴퓨터로 김구 선생님과 유관순 누나 등에 대해 찾아보겠습니다. 절대 있지 않겠습니다.
- 학교 끝나고 친구들과 떡볶이를 먹으로 갔다. 아줌마가 전보다 더 마니 주셔서 배부르게 먹었다.

- 짝을 바꿨는데 내가 별로 안 친한 친구가 짝이 <u>됬다</u>. 빨리 일주일이 지나서 자리가 바끼었으면 좋겠다.
- 나는 동영상을 보고 친구를 왕따를 시키면 <u>안돼겠다</u>고 생각했다. 누굴 괴롭히거나 욕을 하면 후회하거나 <u>않좋은</u> 기분이 든다.

→ 모두 3학년의 글. 문장 구성은 괜찮지만 맞춤법이 엉망이다.

넷째, 디테일에서 차이가 난다. 디테일은 글쓰기 연습의 정도에서 비롯된 수준 차다. 평소 글을 많이 써본 아이와 잘 쓰지 않는 아이의 차이는 디테일에서 드러난다. 먼저 문장을 단문으로 쓸 수 있는지 그 여부다. 잘 쓰는 아이들의 글은 잘 읽힌다. 무슨 말을 하는지 이해하기 쉽고 의미가 혼동되는 문장이 없다. 문장이 대체로 짧고 하고 싶은 말을 간단하고 정확하게 쓴다. 하지만 못 쓰는 아이들의 글은 수식어를 과도하게 사용해서 문장이 길고 여러 가지 의미가 중첩된다. 바로 이해되지 않아 여러 번 읽어야 한다. 또 머릿속의 아이디어를 정리 없이 마구잡이로 쏟아낸 나머지 문장이 한없이 늘어지기도 한다.

〈제목: 독도는 우리 땅〉(2학년)
독도는 우리 땅인데 일본군이 독도를 자기 땅이라고 주장하면 독도를 빼

62

앗겨 강치도 멸종되고 다시 독도를 되찾았습니다.

→ 한 문장이 너무 길고 내용의 앞뒤가 맞지 않다.

〈제목: 학예회를 멋지게 마쳤다〉(5학년)

준비할 때는 떨리고 재밌을 것 같은 마음이 있었지만 좋은 추억일 것 같아서 재밌을 것 같은 마음이 더 컸다. 우리 차례가 다가올 땐 조금 떨리는 마음이 있었고 끝나고 나서 박수를 많이 받아서 지금까지 한 게 훨씬 더 의미가 있던 시간이었던 것 같다.

→ 여러 문장이 중첩되어 한 문장 안에 있고 내용의 앞뒤가 맞지 않는다.

글의 반복도 글쓰기 수준과 관련이 있다. 글을 쓰긴 써야 하는데, 쓰기 싫고 어떻게 써야 할지 모르는 아이들은 같은 말을 많이 반복한다. 반면에 글을 잘 쓰는 아이들은 반복되는 말이 적다. 군더더기 없이 자신이 하고 싶은 말을 글로 정리한다. 쓸거리가 많아 앞에서 한 말을 여러 번 반복하지 않아도 쓰기에 충분하다. 필요할 때만 강조를 위해 반복할 뿐이다.

> 〈제목: 아침밥〉
>
> 아침밥 맛있다. 고기도 맛있다. 계란말이도 맛있다. 김치는 별로. 사이좋게 냠 냠 냠 냠 냠 냠 냠 냠. 난 아침밥이 정말 좋다.
>
> 〈제목: 아침밥〉
>
> 나는 아침밥을 매일 먹는다. 오늘은 내가 좋아하는 고기반찬이 있어서 더 맛있게 먹었다. 아침 일찍 일어나 준비해주신 엄마께 감사했다. 엄마 감사합니다!
>
> → 모두 3학년의 글. 같은 말의 반복 정도가 확연히 차이 난다.

주어와 서술어의 호응도 마찬가지다. 글을 잘 쓰는 아이들은 주어와 서술어의 호응이 부드럽다. 하지만 수준이 떨어지는 글에서는 주어와 서술어의 호응이 맞지 않는 부분을 쉽게 찾을 수 있다. 사실 초등학생들에게는 글쓰기의 수준 차를 떠나 자주 있는 일이다. 잘 쓰는 아이들도 자주 실수한다. 5학년 2학기 국어에 주어와 서술어의 호응을 다룬 내용이 나온다. 언젠가 이 수업 후 예전에 썼던 글을 꺼내 주어에 밑줄을 친 후 서술어와 호응이 되는지 살펴보는 시간을 가졌다. 아이들은 자신의 글에 주술 호응이 안 되는 부분이 많은 것을 확인하고 놀라워했다. 특히 글이 길어질수록 놓치기 쉬운 부분이다.

얼마나 써봤는지에 따라 글의 디테일에 차이가 나는 것도 사실이지만, 피드백이 없다면 이런 디테일을 갖추기가 어렵다. 스스로 자신의 글을 분석해서 고쳐나가는 것이 가장 이상적이지만, 초등학생에게 기대하기란 절대 쉽지 않다. 그러므로 피드백은 꼭 필요하다. 아이들에게 피드백하기 가장 쉬운 대상은 부모님과 선생님이다. 너무 지나친 피드백은 지적이 되어 자칫 아이들이 글쓰기에 흥미를 잃을 수 있기에 적절한 정도로 해야 한다. 나는 아이들의 글을 읽을 때 맞춤법이나 주술 호응의 오류가 10개 정도 보여도 전부 이야기하지 않는다. 먼저 글 내용에 대해 반응하고 응원한 뒤 2~3개 정도만 표시하고 고쳤으면 좋겠다고 이야기한다. 10개를 모두 이야기한다고 해서 10개가 단번에 고쳐지지 않는다. 1개씩만 차근차근 고쳐나가도 오류가 줄어들어 점점 좋은 글이 될 수 있다.

결국 글쓰기의 수준 차는 독서의 양, 글쓰기 경험과 빈도, 피드백의 유무, 이렇게 3가지와 관련이 깊다. 책을 많이 읽은 아이들은 배경지식이 풍부하고 어휘력이 뛰어나 글을 쓸 때 쓸거리가 많고 전달하려는 의미를 담은 단어를 적재적소에 효율적으로 사용할 수 있다. 독서로 정보의 양이 쌓이면 인출의 과정은 자연스럽다. 글쓰기로 표현의 과정을 거칠 때 지식은 완전히 내 것이 된다.

그리고 많이 써봄으로써 글쓰기에 대한 두려움을 떨치고 글쓰기 실력을 쌓을 수 있다. 마지막으로 여기에 선생님이나 친구, 부모님의 피드백이 있다면 다듬으면서 조금 더 완벽하고 전달력 있는 글을 완성해나갈 수 있다. 글쓰기의 수준 향상은 이처럼 3가지로 가능하다.

글쓰기의 수준 향상은 메타인지와도 깊은 관련이 있다. 글이 주제에 맞는지, 맞춤법에 맞게 썼는지, 주어와 서술어의 호응이 잘 이뤄지는지, 전달하려는 내용을 효과적으로 담았는지, 읽는 사람이 이해되지 않는 내용은 없는지, 문장이 자연스러운지, 글이 너무 짧거나 길지는 않은지 등 끊임없이 질문을 던지며 좋은 글을 쓸 수 있도록 방향을 조정하는 것은 메타인지가 작용할 때 가능하다. 글을 많이 쓰면 메타인지가 향상되고, 반대로 메타인지가 발달하면 군더더기 없는 글을 쓸 수 있다. 아이의 메타인지를 키워주고 싶다면 글쓰기만큼 좋은 것이 없는 셈이다.

물론 어렵게 느껴질 수도 있다. 아이와 함께 책을 읽는 것만으로도 벅찬데 글쓰기까지 해야 한다. 게다가 그 글에 피드백도 해야 한다니 얼마나 막막한가. 하지만 학교 현장에서 아이들을 대상으로 꾸준히 지도한 결과, 엄청난 노력을 기울이지 않아도 생각보다 쉽게 글쓰기 실력이 향상되는 것을 확인할 수 있었다. 매일 짧게 쓰게 하고 옆에서 간헐적으로 피드백을 줬을 뿐인데 글쓰기에 대한 아이들의 인식이 긍정적으로 변했다. 작지만 꾸준한 지도로 아이들은 글쓰기에 대한 두려움을 떨쳤고 글로 표현하는 일에 즐거움을 느끼게 되었다. 이제는 생활 속에서 익숙하게 글을 써나간다. 모든 아이들이 가능하다. 단지 관심의 차이일 뿐이다. 일단 글쓰기의 중요성에 대한 공감이 필요하다. 공감했다면 쉬운 것부터 일단 시작하면 된다. 부모와 교사의 인식만 달라져도, 교육의 방향만 달라져도 아이들은 따라온다. 내가 아이들의 메타인지를 키우기 위해 꾸준히 해온 글쓰기 노하우를 다음 장에서부터 공유하고자 한다. 많은 부모들과 아이들의 글쓰기에 대한 인식과 행동의 변화가 있기를 바랄 뿐이다.

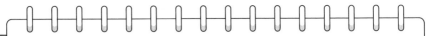

아이마다 잘 쓰는 글은 따로 있다

4학년 아이들과 '로봇과 함께하는 미래는 어떤 모습일까?'에 대해 상상하는 글쓰기를 했다. 아이들은 열심히 생각한다. 뭐라고 써야 할지 몰라 오랫동안 고민하는 아이가 있는 반면, 좋은 아이디어가 마구 떠올라 바쁘게 글을 쓰는 아이도 있다. 또 재미있는 생각이 떠올랐는지 입꼬리가 올라가며 신나게 쓰는 아이도 있고, 쓰다가 막혀 다른 친구는 어떻게 썼는지 이리저리 열심히 눈을 돌리는 아이도 있다.

〈소민이의 글〉

우리 집에는 강아지 로봇이 있다. 이름은 독봇이다. 내가 혼자 집에 있을 때 외롭고 무서울까 봐 부모님이 사주셨는데 내가 이름을 지어줬다.

독봇은 내가 학교에서 돌아오면 나를 반갑게 맞아준다. 내가 학교에서 있었던 일에 대해 이야기하면 독봇은 내 말을 잘 들어주고 나를 이해해준다. 독봇은 신기하게도 말을 할 수 있어서 서로 오전에 있었던 일을 이야기하기도 한다.

독봇은 애완동물이지만 엄마 같다. 내가 배고플 때 알아서 내가 먹고 싶은 것을 찾아 주문해준다. 음식의 유통 기한을 체크해주기도 한다.

의사 선생님처럼 내가 축구 하다가 발끝을 다친 걸 어떻게 알고 약을 찾아주며 위로해주기도 한다. 또 선생님 같기도 하다. 숙제하다가 잘 모르는 문제가 나왔을 때도 독봇이 옆에서 힌트를 주고 가르쳐준다. 내가 내용을 이해했는지 문제를 내기도 한다.

친구보다 가깝고 엄마보다도 내 마음을 너무 잘 알아주는 독봇이 참 좋다.

〈원진이의 글〉

미래에는 로봇들이 있어 우리 생활이 편해질 것 같다. 로봇들이 우리 일을 대신해주고 힘든 일을 도와줄 것이다. 숙제하는 것도 도와주고 무거운 물건을 옮겨줄 것이다. 운전도 로봇이 대신해줘서 학교에도 엄마가 아니라 로봇이 태워다줄 것이다.

〈동현이의 글〉

로봇이 있으면 좋을 것 같다. 청소와 빨래도 로봇이 대신해줄 수 있다. 숙제도 해줄 것이다. 로봇이 우리 대신 많은 일을 해주면 편해질 것 같다. 로봇이 많이 생겨났으면 좋겠다. 우리가 편할 수 있게.

소민이의 글은 흥미진진하다. 표현이 재미있다. 문장이 구체적이라 장면이 선명하게 머릿속에 그려진다. 다른 친구들이 보통 생각하지 못하는 일까지 상상해서 글로 썼다. 작은 변화마저도 구체적으로 표현해서 분량도 꽤 길다. 같은 말의 반복이 없이 자연스럽게 이야기가 이어진다. 반면 원진이의 글은 다른 친구들의 내용과 비슷하다. 누구나 생각할 수 있는 평범한 상상이다. 특별한 내용도 없지만, 특별히 부족한 것도 없다. 그런가 하면 동현이는 글쓰기 자체에 흥미가 없다. 평소에도 산만한 아이로, 글을 쓸 때 집중하지 못한다. 억지로 쓴 느낌이 글에 고스란히 묻어난다. 구체적이지 못하고 내용이 없어 글이 짤막하다.

그동안 아이들의 글을 보고 나면 피드백을 했다. "감정이 잘 드러났구나", "상황을 자세히 잘 묘사했네", "내용의 앞뒤가 안 맞는데?", "이 단어는 더 적절한 다른 단어로 바꾸는 게 좋겠어", "맞춤법이 틀렸네. 이렇게 고쳐보자", "어떻게 이런 상상을 할 수 있지? 기발하다", "뒷부분을 대충 쓰지 말고 구체적으로 쓰자", "글이 너무 짧다" 등 다양하게 했고, 무의식적으로 잘 쓴 글과 못 쓴 글을 구분했다. 심지어 글씨조차도 글의 일부라고 생각해 선입견을 갖기도 했다. 글씨를 또박또박 바르게 쓴 아이의 글은 무조건 논리적이라고, 글씨를 괴발개발 엉망으로 쓴 아이의 글은 당연히 정리가 덜 되었다고 생각했다. 그

런데 어느 순간부터 아이들의 다른 면을 보게 되었다.

누구나 소민이는 글을 잘 쓰고 원진이와 동현이는 소민이보다 글쓰기가 부족하다고 여길 것이다. 하지만 원진이는 배운 것을 정리하는 글을 쓸 때 참 잘 쓴다. 교과서 내용과 선생님의 설명 중에 핵심만을 잘 골라 글로 기막히게 정리한다. 군더더기가 없고 핵심어를 연결해서 문장을 자연스럽게 쓴다. 동현이는 활동하고 나서 쓰는 감상문을 재미있게 잘 쓴다. 특히 동현이가 좋아하는 체육을 하고 나서 쓰는 글은 투박하지만 자신의 감정을 실감 나게 표현한다. 게임할 때 화가 났던 순간, 게임이 진행되는 과정을 자세하게 기억해 글로 옮긴다. 마치 심사위원이 된 것처럼 이유를 들어 선수들의 경기를 평가하기도 한다.

내가 이런 아이들의 모습을 보면서 느낀 점은, 아이마다 잘 쓰는 글의 종류가 따로 있다는 것이다. 모든 글에 약한 아이는 없다. 어떤 아이는 기발한 아이디어가 많아 상상하는 글쓰기를 잘하고, 어떤 아이는 보고 들은 것을 있는 그대로 글로 자세히 묘사한다. 그런가 하면 어떤 아이는 감정이 잘 드러나게 글을 쓸 줄 알며, 어떤 아이는 비유를 잘해서 글을 재미있게 쓴다.

학교에서의 글쓰기는 보통 일기와 독서록에 집중되다 보니 감정을

표현하는 글로 아이들의 실력을 평가하기가 쉽다. 하지만 아이의 성향에 따라 어떤 글을 더 잘 쓰는지 차이가 나게 되므로 한 영역의 글쓰기만 갖고 평가해서는 안 된다. 그리고 학교에서는 글을 쓸 때 시간을 정해놓다 보니 글쓰기 실력이 시간 안에 완성하는 순발력으로 평가되기도 한다. 아이마다 생각하는 데 걸리는 시간은 다르다. 시간이 오래 걸리는 아이도 있고, 비교적 빨리 생각을 많이 쏟아내는 아이도 있다. 글을 쓰는 속도도 다르다. 글을 정리하면서 천천히 쓰는 아이도 있고, 자신의 아이디어를 거침없이 글로 적는 아이도 있다. 또 시간이 정해져 있을 때 두뇌 회전이 더 잘되어 글쓰기에 도움을 받는 아이도 있고, 정해진 시간이 있다는 긴장감에 생각이 더 안 나고 글이 안 써지는 아이도 있다. 이처럼 아이마다 성향이 다르고 강점이 다르다. 그렇기 때문에 아이가 어떤 종류의 글을 더 잘 쓰는지 파악해서 약점을 보완하기 위한 지도를 해야지, 섣부른 평가는 옳지 않다. 특히 초등학생에게 이러한 평가는 표현 의욕을 꺾을 가능성이 농후하다. 아이들에게는 모두 글을 잘 쓸 수 있는 잠재력이 있다.

학기 초 다양한 아이들이 모여 글쓰기를 시작한다. 서로 성향도 강점도 약점도 다른 다양한 아이들이다. 웬만하면 아이들의 글에서 잘 쓴 부분을 찾아 칭찬을 거듭하자. 아이들은 자신의 강점에 대한 반응

에 자신감을 얻는다. 그러면 글쓰기에 재미를 느껴 잘 쓰든 못 쓰든 어쨌든 써보고 싶어 한다. 계속 쓰면 실력이 늘 수밖에 없다. 생각보다 아이들은 빠르게 성장한다. 강점을 찾아보고 잠재력을 믿어준다면 아이들은 글쓰기의 여러 갈래에서 두루 발전을 보일 것이다. 아이들은 믿어주고 기대하는 대로 변한다는 사실을 잊지 말자.

메타인지를 키우는
단계별 초등 글쓰기

기초 다지기 4단계

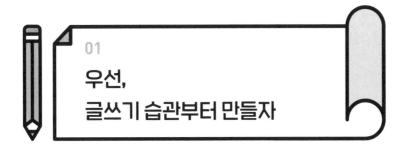

01
우선,
글쓰기 습관부터 만들자

3월이 되면 우리 반은 아침 시간에 할 일을 약속한다. 학교에 오자마자 아이들은 오늘 배울 교과서를 순서대로 책상 서랍에 정리한다. 그리고 나서 숙제나 안내장이 있으면 바구니에 낸 뒤 조용히 책을 읽는다. 코로나19로 온라인 수업을 할 때도 다르지 않았다. 줌에서 아침 9시에 만나기로 하지만 아이들의 접속 시간은 제각각이다. 모두 들어올 때까지 마냥 기다리는 것은 비효율적이라 생각해 우리 반만의 루틴을 만들었다. 줌에 들어오면 아이들은 채팅 창에 출석과 건강 상태를 체크한 뒤 내가 좋아하는 것과 싫어하는 것을 그 이유와 함께 매일 하나씩 썼다. 그리고 나선 책을 읽었다.

쉬워 보이지만 실제로 아이들이 이렇게 하기까지는 3주 이상의 시간이 걸렸다. 뭘 해야 할지 몰라 우왕좌왕하는 아이, 친구들과 이야기하느라 바쁜 아이, 책을 고르느라 긴 시간을 보내는 아이, 화면에 재미있는 표정을 지으며 개그 본능을 발산하는 아이… 이처럼 가지각색의 아이들에게 아침 시간에 일정한 습관을 들이기 위해서는 끈기 있게 기다리는 시간이 필요하다. 습관은 하루아침에 생기지 않는다. 글쓰기 습관도 마찬가지로 시간이 필요하다. 여기에 무언가 더해지면 습관 형성 시간을 단축할 수 있다. 무엇이 필요한지 살펴보자.

📖 STEP ① 글쓰기의 필요성을 알려준다

아이들이 글쓰기 습관을 갖게 하려면 가장 먼저 글쓰기가 필요한 이유에 대해 공감을 얻어야 한다. 나는 주로 내 경험을 많이 이야기해주는 편이다. 초등학생 때 말로는 풀기 어려웠던 친구와의 오해가 연필로 꾹꾹 눌러 쓴 편지 한 통으로 해결된 이야기, 매일 감사 일기를 쓰면서 내가 얼마나 행복한 사람인지를 깨달아 긍정적인 태도로 변한 이야기 등은 아이들의 이목을 집중시키기에 충분하다.

글쓰기가 일상생활에서 얼마나 많이 필요한지 이야기하면 아이들은 깜짝 놀라기도 한다. 논술 시험에서나 글쓰기 실력이 중요한 줄 알았지, 숙제하는 것, SNS를 업로드하는 것, 핸드폰으로 대화를 나누는 것 등 일상생활의 대부분이 글쓰기라는 사실을 미처 생각하지 못했기 때문이다. 그리고 글은 말과는 달리 비언어적 표현(표정, 몸짓 등)과 반언어적 표현(말투, 억양 등)이 없기에 자칫 오해를 불러일으킬 수 있어 제대로 써야지만 의도를 잘 전달할 수 있다는 사실도 알려준다.

📦 STEP ② 글쓰기 준비를 한다

대화로써 어느 정도 글쓰기의 필요성에 대한 공감이 이뤄졌다면 이제는 준비하는 단계다. 마음에 드는 학용품을 사는 일은 충분히 도움이 된다. 평소에 갖고 싶었던 연필과 공책이 눈앞에 있다면 더 글을 쓰고 싶은 마음이 들기 때문이다. 특히 초등학생들은 좋아하는 캐릭터가 그려진 학용품에 쉽게 이끌린다. 그리고 스스로 원하는 제목을 정해서 공책 맨 앞에 쓰는 것도 글쓰기를 준비하는 방법 중 하나다.

이제 진짜 글쓰기를 시작할 차례다. 거듭 강조하지만 아이들은 재미있으면 거부하지 않고 스스로 나서서 한다. 그리고 '나도 할 만하다'라는 생각이 들어야 비로소 시도한다. 친구와의 실력 차이가 눈에 잘 보이면 포기하거나 재미없어질 수도 있으니, 모두가 비슷한 실력으로 도전해볼 만한 주제를 정해야 한다. 이미 성실하고 공부 잘하는 아이들, 글을 잘 쓰는 아이들뿐만 아니라 글쓰기를 어려워하고 재미없어하는 아이들에게도 동기 부여를 할 수 있어야 한다.

처음부터 완결된 한 편의 글을 쓰게 하는 건 습관을 들이기도 전에 흥미를 떨어뜨릴 수 있다. 나는 하루에 2~3줄만 써도 매일 꾸준히만 쓰면 된다고 생각한다. 매일 쓰는 건 사실 쉬운 일이 아니므로 부모나 교사가 꼭 함께 옆에서 격려해주고 이끌어주는 것이 좋다. 우리 반의 경우, 처음에는 아이들이 주제를 정하는 것조차 어려워해서 그냥 오늘 있었던 일을 쓰기로 정하고 매일 꾸준히 글쓰기를 했다. 이때 가장 중요한 것은 짧은 2~3줄 글쓰기라도 '완성도 있게' 쓰는 것이다. 아주 짧게 쓰는데도 주어, 서술어, 목적어, 보어의 위치가 제대로 되지 않았거나, 주어와 서술어의 호응이 맞지 않는다면 반드시 피드백으로써 바로잡아야 한다. 2~3줄을 잘 쓸 수 있는 아이여야 10줄, 20줄도 제대로 쓸 수 있다. 여기서 글의 길이는 어떤 아이든 부담 없이 쓸 수 있을 정도로 제시했지만, 만약 아이가 글쓰기를 좋아하고 길게 쓰는 것을 어려워하지 않는다면 당연히 실력에 맞춰 더 긴 글로 시작한다.

🗳 STEP ④ 주제 글쓰기로 변화를 준다

초등학생에게 글쓰기를 가르칠 때는 변화가 필요하다. 그렇지 않으면 아이들은 지루해한다. 글쓰기를 꾸준히 3주 정도 진행해 2~3줄 쓰기가 익숙해지고 매일 쓰기도 대략 자리를 잡았다면, 그다음 단계는 바로 주제 글쓰기다. 그동안 매일 자신의 일과에 대해 썼다면 이제는 주제를 조금씩 바꿔보는 것이다. 신체나 사물 살펴보기, 친구 관찰하기, 주장하는 글쓰기, 논리적인 글쓰기 등 다양한 주제를 두루 경험해보도록 한다. 특히 오늘 배운 내용을 핵심어가 포함된 글로 정리하는 것은 복습 효과가 있어 아이들에게 학습 면에서 도움이 많이 된다.

아무리 재미있는 주제라도 아이들에게는 몸으로 하는 활동만큼 흥미롭진 않을 것이다. 이런 점을 역이용하면 좋다. 체육 활동, 가족 여행, 동생과의 놀이 등을 한 다음에 곧바로 글을 쓰게 하는 것이다. 무엇이든 신체 활동을 하고 나서 바로 글쓰기를 하면 쓸거리에 대한 부담 없이 2~3줄 정도는 금방 채운다. 일기도 일과를 마치고 자기 전에 써야 한다고 보통 생각하는데, 그럴 필요가 없다. 미루다가 자기 전에 쓰려면 더 쓰기 싫어진다. 그냥 쓰고 싶을 때 쓰게 한다.

그리고 글 쓰는 도구의 다양화로 아이들이 계속 쓰고 싶게 동기를 부여할 수 있다. 물론 글은 종이에 쓰는 것이 가장 좋지만, 요즘 아이들에게 글쓰기 도구를 종이로만 한정하는 것은 재미없는 일이다. 그런 면에서 나는 SNS가 아이들의 흥미를 끌 수 있고 꾸준히 글을 쓰게 하는 좋은 도구라고 생각한다. 아이들은 SNS를 이용해 글을 예쁘게 꾸미면서 쓸 수 있다. 그런가 하면 매번 선생님이나 부모님이 글을 피드백하기가 번거로울 때도 있는데, 이럴 때 SNS를 활용해 인터넷상에 올리면 다수의 독자를 확보할 수 있다. 아이들은 독자의 반응을 보며 더 재미있게 글쓰기에 참여할 것이다.

📦 STEP ⑤ 피드백으로 확실한 습관을 만든다

마지막으로 아이들의 글쓰기 습관을 만드는 데 중요한 것은 바로 '피드백'이다. 나는 아이들의 글에 최선을 다해 댓글을 쓴다. 아무

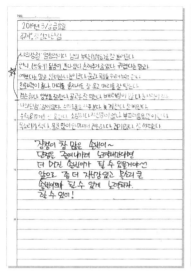

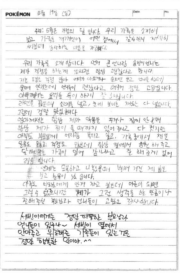

피드백은 아이들에게 글쓰기의 동기를 부여하고, 실력을 키워주며, 글쓰기 습관을 만드는 데 도움을 준다.

리 짧고 엉망인 글이라도 댓글을 달아주면 아이들은 정말 좋아한다. 공책을 받자마자 펼쳐서 댓글을 확인하는 모습을 보며 피드백이 가진 큰 힘을 실감한다. 내가 댓글을 쓸수록 아이들의 글은 길이가 길어지고 정성이 들어간다. 선생님이 읽는 글이기에 허투루 쓰지 않고 잘 쓰려고 노력한다. 칭찬도 받고 싶어 하고 공감도 원한다. 피드백은 아이들의 글쓰기를 독려하고 동기를 부여하는 가장 좋은 방법이다. 글을 이해하고 알아주는 것만으로도 아이들에게는 더 쓰고 싶은 마음이 불끈불끈 솟아오른다.

글쓰기 실력 면에서도 피드백의 효과는 매우 크다. 지난해 내가 가르쳤던 3학년 아이는 일주일 동안 거의 비슷한 내용의 일기를 썼다.

- 오늘 일찍 일어나서 공부를 했다. 다 하고 잠이 안 와서 가방도 싸놓고 놀았다. 엄마가 일어나서 회사에 가셨다. 나는 공부를 했다.
- 오늘 새벽 5시에 일어나서 하늘을 보고 다시 쿨쿨 잠을 잤다. 일어나서 출석을 하고 엄마가 회사에 가서 공부를 했다. 그리고 밥을 먹고 친구들과 놀았다.
- 오늘은 일어났는데 너무 졸렸다. 더 자고 싶었다. 일어나서 출석 체크를 하고 놀다가 엄마가 회사에 가면 나는 공부를 한다. 공부를 다 하고 밥을 먹는다.

> 새벽에 일어나서 하늘을 봤는데 너무 예뻤다. 누웠는데 잠이 와서 다시 잠을 잤다. 자고 일어나서 출석을 했다. 엄마가 회사에 가고 나는 공부를 했다.

모두 같은 날 쓴 게 아닐까 싶을 정도로 비슷하다. 아이들은 매일이 별로 다르지 않은 일상이라고 생각한다. 그래서 아이의 글에 다음과 같이 피드백을 했다.

"매일 비슷한 것 같지만 사실 조금씩은 다른 하루하루란다. 어제와 달라진 점을 찾아보자. 사소한 것이라도 찾아서 그것에 대해 자세히 써보면 어떨까?"

한 번으로 확 바뀌지는 않지만 몇 번 피드백을 주다 보면 아이들은 그 부분을 신경 써서 쓰게 되고 글의 내용이나 구성이 좋아진다. 다음은 앞서 언급한 글을 썼던 아이의 2주 뒤 일기다. 피드백의 효과로 눈에 띄게 글의 내용이 다양해졌다.

> 오늘은 월요일이다. 언니가 학교에 가는 주다. 나는 혼자 있어야 한다. 나는 출석을 하고 엄마가 회사에 가면 공부를 하는데, 다 하고 우울증 걸린 사람마냥 심심하게 가만히 있었다. 혼자 있는 게 이렇게

심심할지 몰랐다. 금요일까지 혼자 있어야 한다니 너무 슬프다. 차라리 더워도 밖에서 노는 게 나을 것 같았다. 다행히 엄마가 일찍 오셔서 맛있는 것을 해주셨다. 엄마와 이야기도 나누고 텔레비전도 같이 보며 행복한 시간을 보냈다.

· 지난주에 혼자 있어서 외로웠는데 오늘은 언니와 있으니 좋았다. 언니가 있을 땐 몰랐는데 언니는 참 소중한 존재였다. 출석을 하고 여느 때처럼 노는데 친구들에게 전화가 와서 밖에서 놀자고 했다. 조금 놀고 있는데 비가 심하게 와서 집으로 급하게 돌아왔다. 저녁까지 비가 계속 오고 번개도 쳐서 무서웠다.

가정에서 글쓰기 지도를 하면 아이의 개별적인 특성을 고려해 진행할 수 있어 더욱 좋다. 부모만큼 내 아이의 특성과 관심사에 대해 잘 아는 사람은 없다. 모든 교육은 가정에서 꾸준히 함께할 때 그 효과가 배가된다. 교사는 각자의 가치관에 따라 교육에서 중점을 두는 부분이 다르기에 지속해서 하나의 교육으로 연계되기가 어렵다. 게다가 교육 과정과 학사 일정 운영이 있어 온전히 글쓰기만을 위한 교육은 하기가 쉽지 않은 실정이다. 그러므로 가정에서 부모가 하루에 단 몇 줄이라도 꾸준히 쓸 수 있게 한다면 아이의 글쓰기 습관은 성공적으로 만들어질 것이다.

처음에만 짐이 든 수레를 움직이는 게 힘들지 일단 움직이기 시작하면 관성이 생겨 계속 굴러간다. 습관도 마찬가지다. 한번 습관이 만들어지면 매일 하는 것은 자연스러운 일이 된다. 우리 반 아이들은 방학이 끝나고 개학을 해도 학교에 와서 방학 전과 똑같은 루틴으로 교과서를 정리하고 조용히 책을 읽는다. 사실 방학을 보내고 오면 지난 학기의 루틴이 깨지고 흐트러지기 쉬운데, 참 신기하게도 그대로 모습이 유지된다. 강압적으로 한 것이 아니다. 오랜 시간 동안 반복했을 뿐이다. 이것이 바로 습관의 힘이다. 늘 하던 대로 몸이 움직이는 것, 그리고 몸이 기억하는 것. 시간과 정성을 들이면 글쓰기 습관도 반드시 만들 수 있다.

STEP ① 단계적으로 글쓰기에 접근한다

"선생님, 선생님 반 아이들이 제일 길게 쓰더라고요."

몇 년 전 12월의 어느 날, 영어 전담 선생님이 우리 반 아이들의 수행 평가지를 보여주며 한 말이었다. 수행 평가 주제는 영어 글쓰기였다. 요즘 아이들은 어쩌면 이렇게 영어를 잘할까? 아이들의 영작을 보며 정말 깜짝 놀랐다.

"이번에 수행 평가로 영어로 생각 쓰기를 했거든요. 다른 반 아이들은 반 페이지 정도를 썼는데, 선생님 반 아이들은 대부분이 한 페이지를 다 채웠더라고요."

정말 그랬다. 다른 반보다 우리 반 아이들의 수행 평가지가 더

빼곡했다. 유달리 똑똑하거나 영어를 더 잘해서는 아니었다. 쓸거리가 많을 뿐이었다. 나는 이러한 차이를 만든 이유가 1년 동안의 글쓰기라고 확신했다. 영어 글쓰기도 표현 언어만 다를 뿐 결국은 머리로 쓸거리를 생각하는 것이다. 평소 연습을 꾸준히 했던 우리 반 아이들에게 쓸거리를 마련해 글로 표현하는 일은 그리 어렵지 않았다. 비슷한 어휘력을 가진 아이라도 쓸거리를 머릿속에 떠올리지 못한다면 표현으로 이어지기는 힘들다.

물론 처음부터 우리 반 아이들이 글쓰기를 수월하게 했던 건 아니었다. 오랜 시간 반복에 의한 점진적인 성장이 있었기에 가능했다. 쉽고 간단해야 시작하기 좋다. 그래야 꾸준히 할 수 있다. 우리의 시작도 그러했다.

🎁 한 문장에서 긴 문장으로

학기 초, 언제나 나는 아이들과 함께 1년을 어떻게 보낼지 이야기를 나눈다. 이때 1년 동안 우리 반에서 강조될 2가지를 알려준다. 바로 독서와 글쓰기다. 대부분의 아이들에게 이것들은 진부하고 지루한 대상인지라, 아이들이 쉽고 재미있게 느껴야만 1년 교육의 성공 확률이 높아진다. 그래서 재미있는 책으로 관심을 끌고,

모둠이나 게임으로 글쓰기를 하며 흥미를 돋우기 위해 노력한다. 일단 긍정적인 마음을 갖게 하는 것이 우선이다.

　태도가 준비되었다면 그다음 단계는 기초 공사다. 건물도 기초 공사가 튼튼해야 바로 선다. 글쓰기의 기초는 어휘력이다. 어휘력이 있어야 문장을 다양하게 쓸 수 있는데, 어휘력을 기르는 가장 효과적인 방법은 독서다. 독서를 통해 다양한 분야의 어휘를 접하고 정보를 얻는 과정이 거듭되면 아이들은 어느새 일상생활에서 배우는 이상의 어휘력을 갖게 된다. 글쓰기 주제가 정해졌다면 그에 대한 아이디어를 쏟아내고 친구들과 공유하는 활동도 어휘력을 기르는 데 도움이 된다. 각자의 경험과 배경지식이 다르기에 공유하다 보면 기억 저편의 어휘들이 떠오르기도 하고 모르는 어휘를 배울 수도 있다. 곧바로 글로 쓰라고 하면 아이들의 고민 시간이 길어지지만, 친구들과 이야기하면서 주제와 관련된 어휘들을 공유하는 과정을 거치면 시간도 훨씬 단축되고 글쓰기에 사용되는 어휘도 다양해진다.

　어휘 연습을 마쳤다면 그다음은 문장 쓰기다. 문장 쓰기는 한 문장 쓰기부터 시작한다. 처음에는 딱 한 문장으로 쓰되, 각각의 단어가 문장 구조에 적절하게 들어갈 수 있도록 반복 연습한다. 문법으로 접근하면 아이들의 흥미가 반감되므로 재미있는 활동을 곁들여야 한다. 이를테면 모둠별로 대상을 정해 스무고개를 하는 것이다.

돌아가면서 힌트 문장을 하나씩 만든다. 그런 다음 다른 모둠 친구들에게 문제를 내는데, 이때 자신이 만든 문장을 읽음으로써 문장이 자연스러운지 스스로 확인해볼 수 있다. 그리고 다른 친구들이 만든 문장을 들으면서 잘 만든 힌트 문장을 벤치마킹하게 된다.

[국어 교과 관련 내용]

교과	단원	학습 성격	학습 내용
2-2 국어-가	3. 말의 재미를 찾아서	준비 학습	• 재미있는 말 찾기
		기본 학습	• 흉내 내는 말을 넣어 짧은 글쓰기 • 말의 재미를 느끼며 수수께끼 놀이하기 • 말의 재미를 느끼며 다섯 고개 놀이하기
		실천 학습	• 여러 가지 말놀이하기 (끝말잇기, 말 덧붙이기, 수수께끼, 다섯 고개)

모둠별로 이야기 꾸미기도 한다. 릴레이로 한 문장씩 덧붙이면서 이야기를 만든다. 한 편의 글을 여러 명이 쓰는 것이기에, 내용이 점점 산으로 가기도 하고 생각보다 더 흥미롭게 만들어져 감탄하기도 한다. 놀이 속에서 자연스럽게 문장을 만들어 문장 쓰기 연습이 되고, 무엇보다 아이들이 무척 재미있어한다. 그리고 제대로 된 구조와 어휘로 문장을 쓰지 않으면 이어질 문장을 쓸 친구가 이해하지 못하므로 아이들은 나름대로 더 정확히 쓰기 위해 노력한다.

교과	단원	학습 성격	학습 내용
2-2 국어-나	7. 일이 일어난 차례를 살펴요	준비 학습	• 이야기에 나오는 인물의 모습 상상하기
		기본 학습	• 인물의 모습을 상상하는 방법 알기 • 이야기를 듣고 인물의 모습 상상하기 • 이야기를 읽고 일이 일어난 차례대로 이야기의 내용 말하기
		실천 학습	• 일이 일어난 차례대로 이야기 꾸미기 (뒷이야기 상상하기)
3-1 국어-나	6. 일이 일어난 까닭	준비 학습	• 원인과 결과 알기
		기본 학습	• 원인과 결과에 따라 이야기하는 방법 알기 • 원인과 결과를 생각하며 경험 말하기
		실천 학습	• 원인과 결과를 생각하며 이야기 꾸미기
4-1 국어-가	5. 내가 만든 이야기	준비 학습	• 그림의 차례를 정해 이야기 꾸미기
		기본 학습	• 사건의 흐름을 파악하며 이야기 읽기 • 이야기의 흐름 이해하기 • 이야기를 읽고 이어질 내용 상상해 쓰기
		실천 학습	• 자신이 상상한 이야기를 친구들에게 들려주기
4-2 국어-가	4. 이야기 속 세상	준비 학습	• 이야기를 읽어본 경험 말하기
		기본 학습	• 인물, 사건, 배경을 생각하며 이야기 읽기 • 인물의 성격을 짐작하며 이야기 읽기 • 사건의 흐름을 생각하며 이야기 읽기
		실천 학습	• 이야기를 꾸미며 책 만들기

한 문장 쓰기가 쉽고 재미있게 느껴지면 한 문장을 더 쓰고 싶은

마음이 생긴다. 아이들은 문제에 대한 힌트 문장을 만들거나 이야기를 쓸 때 "선생님, 하나 더 쓰면 안 되나요?"라고 말하며 아쉬움을 드러낸다. 이러한 아쉬움은 동기로 작용해 아이들은 점점 부담을 덜어내고 글쓰기가 재미있다고 생각하게 된다. 그리고 한 문장 쓰기는 두 문장 쓰기로, 두 문장 쓰기는 여러 문장 쓰기로 점점 확장된다. 한글을 갓 배운 어린아이들이 처음에는 간판의 글자를 읽고, 어느 정도 단어를 읽을 수 있게 되면 재미를 붙여 문장 읽기로 넘어가는 원리와 같다. 이렇게 여러 문장 쓰기를 하다 보면 어느새 한 편의 긴 글을 쓸 수 있는 단계에 이른다. 우리 반 아이들이 학년 말에 다른 반 아이들보다 길게 글을 쓸 수 있었듯 말이다.

사실 쓰기에서 생각 쓰기로

글쓰기 지도를 할 때는 형식뿐만 아니라 내용 면에서도 단계적으로 접근해야 한다. 처음부터 무작정 어떤 대상에 대해 생각해서 쓰라고 하면 아이들은 어려워한다. 그러므로 초기 단계에서는 대상을 묘사하거나 보고 듣고 경험한 일에 대해 자세히 써보는 활동부터 시작하는 것이 좋다. 일기, 독서록, 편지 등이 대표적이다.

일기를 쓸 때는 오늘 하루 동안 있었던 일(사건)을 쓰게 한다. 수업, 현장 학습 등 그날 겪은 일을 자세히 쓰게 한다. 여기에 자신의 생각과 느낌을 맨 뒤에 몇 줄 덧붙이는 식으로 시작한다. 그다음에는 대상을 조사해 그 내용을 쓰거나 수업 시간에 했던 활동에 대한 글쓰기를 추가로 해본다. 과학 시간에 실험을 하고 나서 실험 관찰에만 결과를 정리하는 것이 아니라, 오늘 한 실험에 대해 따로 글을 쓰게 한다. 실험하면서 어떤 일이 있었는지, 내가 어떤 역할을 했는지, 예상과 실제 결과가 어땠는지 등을 써보는 것이다. 체육 시간의 게임 활동이나 사회 시간의 신문 만들기에 대해 써도 된다. 스스로 경험한 일이기 때문에 쓸거리에 대한 부담 없이 글쓰기를 할 수 있어 좋다.

이런 글에 익숙해지면 생각을 조금씩 덧붙여가도록 한다. 단순한 감정 표현을 넘어 판단이나 근거가 있는 생각으로 발전시키는 것이다. 피아제의 인지 발달 이론에 의하면 아이들은 고학년이 되면서 실제로 해보며 대상을 이해하는 '구체적 조작기'에서 벗어나 실제로 해보지 않아도 머릿속으로 생각이 가능한 '형식적 조작기'로 넘어간다. 이런 이유로 대상에 대해 생각해보고 그 생각을 표현하는 글쓰기는 아이의 인지 발달 면에도 부합한다.

교과서에 실린 글의 종류도 이와 같은 순서를 따른다. 저학년 교과서에는 본 일, 들은 일, 겪은 일에 대한 글쓰기(서사문, 묘사문)와 마음의 표현이 많이 나온다면, 고학년 교과서에는 조금 더 생각을 쓰는 글(논설문)의 비중이 커진다. 특히 5~6학년은 토의하기, 토론하기에 대해 배우는데, 이를 위해 의견을 정리하는 글쓰기가 '생각 쓰기'에 해당한다. 주제에 대해 깊이 생각해보고 그에 대한 자신의 의견을 자세히 밝혀야 하므로 단순 사실 쓰기에 비해 발전된 글쓰기라 할 수 있다.

처음부터 글을 잘 쓰는 아이는 없다. 완성된 결과물을 얻으려면 기초부터 여러 단계를 거쳐야 한다. 우리 반 아이들도 여러 가지 활동을 통해 글쓰기의 기초를 다졌고, 한 걸음씩 앞으로 나아가 성과를 얻게 되었다. 나는 글쓰기를 집중적으로 혹은 강압적으로 지도하지 않았다. 모든 과목과 생활 면면에서 조금씩이라도 매일 글을 쓸 수 있도록 열심히 일상에 글쓰기 활동을 녹였을 뿐이다. 그 결과 아이들은 글쓰기에 대한 막연한 두려움과 부담감 없이 글을 쓸 수 있었고 조금씩 변해갔다. 교실 속에서 1년 동안 이만큼 변할 수 있다면 더 긴 시간의 교육으로는 얼마나 많이 변할 수 있을까? 아이의 곁에서 언제나 함께할 수 있는 사람은 바로 부모다. 부모로서 글쓰기의 필요성에 대해 공감한다면 지금부터 글쓰기 교육을 제대로 한번 시작해보자.

STEP ② 두세 문장 정리, 핵심어, 교과서

몇 년 전에 EBS 〈학교란 무엇인가〉 시리즈 중 '0.1%의 비밀'을 본 적이 있다. 공부 잘하는 0.1%의 아이들을 대상으로 어떤 점이 다른지를 인터뷰와 여러 가지 실험으로 알아보는 내용이었다. 방송에 나온 아이들은 몇 가지 공통점이 있었다.

먼저 대표적인 공부 방법이 '누군가에게 설명하는 것'이었다. 한 여자아이는 선생님이 되어 엄마를 학생으로 삼아 화이트보드에 자신이 공부한 내용을 완전히 이해할 때까지 설명했다. 다른 남자아이는 친구들에게 수학 질문을 받고 그것을 설명하며 복습한다고 했다. 그리고 아이들은 '배운 내용 정리'나 '오답 노트 정리'를 철저히 하고 있었다. 배운 내용을 나름대로 공책에 정리했고, 오답이 생기면 다음번에 절대 틀리지 않기 위해 오답 노트에 틀린 이유와 관련 내용 등을 적었다. 이것은 수능 만점자들의 인터뷰에서 공통적으로 등장하는 방법이기도 하다.

공부한 내용을 말로 이야기하거나 글로 써보는 일은 큰 의미가 있다. 우리는 눈으로 본 것이나 귀로 들은 것을 모두 기억하진 못하지만, 말하거나 써본다면 기억할 확률이 훨씬 높아진다. 말하기와 쓰기 등의 표현 방법은 뇌를 통한 '생각'의 과정을 반드시 거치기 때문에 머릿속에 각인되기 쉽고, 여러 번 반복하는 효과가 있어 많은 내용이 장기 기억으로 향한다. 말하기와 쓰기는 머릿속의 보이지 않는 것을 밖으로 꺼내는 활동이다. 그렇기에 대상에 대한 나의 앎을 객관화시켜서 볼 수 있다. 대상에 대해 말과 글로 표현하면 내가 그것을 아는지 모르는지, 안다면 얼마나 아는지, 모른다면 어떤 부분을 모르는지 등에 대해 정확히 파악할 수 있다. 모르면 표현이 안 되어 막히기 때문이다. 즉, 메타인지가 작동하고 발달하는 것이다. 나는 이와 같은 원리를 이어지는 내용과 같이 아이들의 글쓰기에 적용했다.

배운 내용을 두세 문장으로 정리하기

배운 내용은 보고 들은 인풋 정보다. 보고 듣는 그 순간에 내용을 이해한다 해도 사실 완전히 안다고는 할 수 없다. 이것을 밖으로 인출, 즉 아웃풋하는 과정을 거쳐야 진짜로 아는 것이 된다. 그래서 나는 아이들과 함께 아웃풋의 과정을 글쓰기로써 공부에 적용시켰다.

방식은 간단하다. 수업을 마친 후 그 시간에 배운 내용을 두세 문장으로 정리하는 것이다. 길게 쓰라고 하면 아이들은 숙제로 여겨 글쓰기에 대한 반감을 가질 수 있기 때문에 두세 문장으로 길이를 정했다. 사실 짧은 글쓰기가 더 쉬울 것 같지만 정작 해보면 더 어렵게 느껴질 수도 있다. 수업 시간에 배운 내용이 여러 가지인데, 이것을 두세 문장으로 요약해야 하니 사실은 훨씬 수준이 높은 활동이다. 하지만 아이들은 두세 문장 정도는 짧다는 이유로 쉽게 생각한다. '나도 이 정도는 해볼 만해'라는 생각이 아이들을 지속적인 글쓰기로 이끈다.

요약해서 짧은 글로 쓰기 위해 아이들은 수업 시간에 배운 내용 중 핵심이 무엇인지를 생각한다. 그리고 정돈된 문장으로 정리하면서 수업 시간에 보고 들었던 내용을 다시 한번 떠올려 복습의 효과를 누린다. 글쓰기를 꾸준히 하면서 공부도 할 수 있는 일석이

조의 방법인 셈이다. 다만 여기에서 확인할 사항이 있다. 아이들이 쓴 문장에 핵심어가 들어갔는지, 문장을 어색하지 않게 제대로 썼는지 여부다. 단지 몇 줄 쓰기에만 그치면 글쓰기 실력도 늘지 않고 복습 효과도 떨어진다. 처음에는 잘 안 되더라도 몇 번 피드백을 하면 점점 발전하는 모습을 보게 될 것이다.

예시 6학년 1학기 사회 2단원 우리나라의 경제 발전

- **학습 주제:** 가계와 기업이 하는 일 알아보기

- **핵심어:** 가계, 기업, 하는 일
  → 핵심어는 학습 주제를 참고하면 쉽게 찾을 수 있다.

- **정리의 좋은 예**
  가계는 기업의 생산 활동에 참여하고 기업에서 만든 물건을 구입한다. 기업은 사람들에게 일자리를 제공하고 물건을 판매하거나 서비스를 제공하여 돈을 번다. 이렇게 서로 도움을 주고받는다.

- **정리의 나쁜 예**
  가계는 가정 살림을 같이하는 생활 공동체를 말한다. 생산 활동에

참여한 대가로 소득을 얻어 소비 활동을 한다.

→ 주제가 '하는 일'이므로 핵심어의 뜻을 쓰는 것보다는 하는 일
을 중심으로 정리해야 한다. 또 가계와 기업의 하는 일이 모두 드
러나게 써야 좋은 정리라고 할 수 있다.

핵심어를 활용한 글쓰기

나는 우리 반 아이들과 매주 한 편씩 주제 글쓰기를 한다. 주로 주
말 숙제로 내주는데, 아이들이 스스로 주제를 정하기도 하고 내가
정해주기도 한다. 해당 주에 정말 중요하거나 조금 어려울 만한 수
업이 있었다면 복습을 위한 주제를 준다. 아이들에게 배운 내용을
떠올려서 글로 정리하라고 하면 그 편차가 꽤 크다. 수업을 열심히
듣고 기억력이 좋아서 많은 내용을 정리하는 아이들이 있는 반면,
거의 기억을 떠올리지 못해 대충 쓰는 아이들도 많다. 이럴 때 핵
심어를 주면 내용이 부족한 아이들의 글 수준을 많이 끌어올릴 수
있다. 예를 들어 5학년 2학기 사회 시간에 '고조선의 건국과 발전
과정'을 배우고 나서 이 내용으로 주제 글쓰기를 한다면 핵심어를
다음과 같이 제시한다.

- 고조선의 건국과 발전 과정을 '단군왕검, 8조법, 토기, 동검, 고인 돌'의 단어가 들어가도록 글로 쓰시오.

이 단어들이 모두 들어가도록 글을 써야 하기에 아이들은 어떤 순서로 어떻게 연결해야 할지 고민한다. 이 과정에서 수업 내용을 떠올리게 되어 복습의 효과를 누릴 수 있고, 각각의 단어를 자연스럽게 잇기 위해 노력하면서 문장을 매끄럽게 쓰는 글쓰기 실력도 키울 수 있다.

또 다른 방법은 핵심어를 글로 설명하게 하는 것이다. 수업 시간에 배운 핵심어 중에서 딱 하나만 제시한 다음, 관련 내용을 글로 쓰는 활동이다. 이때 브레인스토밍과 마인드맵을 함께 활용하면 좋다. 아이들은 핵심어와 관련된 내용을 생각나는 대로 떠올려보고 비슷한 것끼리 묶은 뒤 자연스럽게 글로 쓰면서 효과적인 복습을 할 수 있다. 예를 들어 3학년 2학기 과학 시간에 '사막에는 어떤 동물이 살까요?'를 배우고 나서 핵심어를 '사막에서 사는 동물'로 정한 다음에 글을 쓰면 다음과 같이 전개할 수 있다.

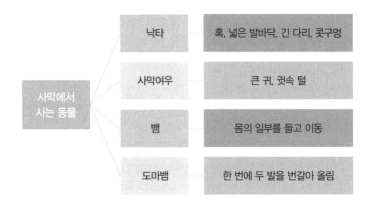

낙타	혹, 넓은 발바닥, 긴 다리, 콧구멍
사막여우	큰 귀, 귓속 털
뱀	몸의 일부를 들고 이동
도마뱀	한 번에 두 발을 번갈아 올림

→ 사막에서 사는 동물에는 낙타, 사막여우, 뱀, 도마뱀 등이 있다.
이 동물들은 사막에서 잘 살 수 있는 특징을 갖고 있다.

교과서를 그대로 베껴 쓰기

내용을 요약하거나 핵심어를 활용한 글쓰기를 어려워하는 아이들
이 있다. 이런 경우 문제집이나 전과를 무작정 베끼거나 교과서의
일부 내용을 가져와서 쓰기도 한다. 물론 한 번은 쓰게 되니 안 하
는 것보다는 낫지만, 당연히 효과가 별로 없다. 나는 이런 아이들
에게는 다른 방식의 글쓰기를 알려준다. 교과서를 그대로 베끼는
것이다.

배운 내용을 두세 문장 정도로도 정리하지 못하는 아이들은 기

초가 부족해 구조화가 어렵거나 공부에 흥미가 없을 가능성이 크다. 이런 경우 단순히 교과서를 베껴 쓰는 활동으로 대체해 글쓰기에 자신감을 붙여줘야 한다. 교과서를 그대로 베껴 쓰는 것은 비교적 쉬운 활동이기에 아이들이 부담을 느끼지 않는다. 교과서에 나온 글을 써보면서 수업 시간에 놓친 부분을 찾아낼 수도 있고, 여러 번 복습하는 효과를 누릴 수도 있다. 그리고 잘 쓰인 글에 대한 감각을 익힐 수 있다. 교과서는 전문가들이 쓰고 여러 번의 감수를 통해 탄생한 바른 문장의 책이다. 이를 베껴 씀으로써 문장의 형식이나 문단의 구조 등을 자연스럽게 터득한다는 장점이 있다. 가끔 아이들이 귀찮아서 중간중간 문장을 빠뜨리고 쓰거나, 핵심어를 잘못 베껴 쓰는 경우가 있으니 반드시 확인해야 한다.

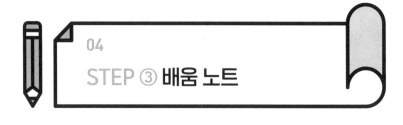

STEP ③ 배움 노트

수업 준비를 열심히 해서 아이들과 함께 40분을 신나게 달린다. 동기를 유발하기 위해 영상도 준비해서 보여주고, 재미있게 공부하기 위해 별도의 자료로 활동도 한다. 중요한 단어는 여러 번 강조하고 관련 에피소드도 이야기해준다. 아이들은 집중해서 즐겁게 수업을 듣는다.

"오늘 배운 내용 중에 이해가 안 되거나 궁금한 게 있으면 질문하세요."

아무도 손을 들지 않는다. 모두가 내용을 이해한 듯 고개를 끄덕인다. '오늘도 성공이네'라고 생각하며 흐뭇하게 수업을 마무리한다. 수업 시간 40분이 지식과 활동으로 꽉 찼고 아이들은 잘 참여했다.

그러고 나서 다음 시간, 지난 시간에 배운 내용을 물어본다. 모두 열심히 하고 이해했으니 기억하고 있겠지? 무작위로 한 아이에게 질문한다. 머리를 긁적이며 대답을 못한다. 갑자기 생각이 안 나는 거겠지? 두 번째 아이에게 질문한다. 입가에 단어가 맴도는데 나오질 않나 보다. 초조하게 눈을 굴린다. 세 번째, 네 번째도 비슷하다. 예상은 보기 좋게 빗나갔고, 아이들은 핵심어조차 기억하지 못했다. 수업 욕심이 꽤 있었던 나에게 이런 상황의 반복은 내심 충격이었다. 수업에 문제가 있는 걸까? 이렇게 열심히 준비해서 수업하는데 왜 기억을 못할까? 고민에 고민을 거듭했다. 하지만 수업은 근본적인 문제가 아니었다. 시간이 지나면 사람은 당연히 잊어버린다.

에빙하우스의 망각 곡선은 이러한 현상을 아주 잘 보여준다. 1885년 독일의 심리학자 헤르만 에빙하우스는 아무 의미 없는 문자나 숫자 등을 암기한 후 시간이 지남에 따라 얼마나 기억하는지를 실험했다. 그리고 이에 따라 자연적인 망각에 대한 지수를 추정해서 그래프로 나타냈다. 에빙하우스의 연구 결과, 암기한 지 20분만 지나도 내용의 48%가 기억에서 사라졌고, 시간이 지날수록 기억의 정도는 더 떨어졌다. 우리 반 아이들이 수업을 하고 나서 하

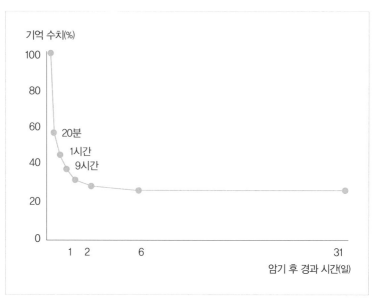

기억 수치(%)

20분
1시간
9시간

암기 후 경과 시간(일)

ꄷ 에빙하우스의 망각 곡선.

루 이틀 지난 후 질문했을 때 내용이 기억나지 않아 답변을 못하는 것은 어쩌면 당연한 일이었다.

　그렇다면 인간이 가진 기억력의 한계를 극복할 방법은 없을까? 에빙하우스는 실험 과정에서 기억하지 못한 단어는 반복해서 다시 외웠는데, 처음 외울 때보다 시간이 단축된다는 사실을 발견했다. 이처럼 기억력의 한계를 어느 정도 상쇄하는 방법은 바로 '반복'이다. 여러 번 반복하다 보면 학습 내용이 단기 기억에서 장기 기억으로 이동하게 되어 기억의 수준을 높일 수 있다. 당연히 반복에도 효과적인 시기가 있다. 적은 노력으로 100% 가까이 기억을 끌어올리는 방법 말이다. 배우고 암기한 지 며칠이 지나 거의 기억에 남아 있지 않은 내용을 100% 수준으로 끌어올리려면 많은 시간과 노력이 필요하다. 그런데 남아 있는 내용이 80~90%라면? 적은 노력으로도 충분히 가능하다.

　이러한 이론을 아이들에게 실제로 어떻게 적용하면 좋을까? 반복 없이는 아이들의 배움을 완성할 수 없다는 사실을 깨닫고, 그때부터 나는 계속해서 효과적으로 반복하는 방법을 연구했다. 수업을 듣는 것만으로는 내 것이 되지 않으니, 말하기나 쓰기와 같은 활동을 함께하면 반복의 효과가 있지 않을까? 다 아는 것 같아도 막상 설명하려고 하면 입이 떨어지지 않는 경우가 많다. 진짜 앎은 표현할 때 비로소 완성된다. 그래서 나는 우리 반 수업에 말하고 쓰는 반복 학습을 적용하게 되었다. 그리고 그중에서 단연 으뜸은 글쓰기다. 말하기는 녹음을 하거나 영상을 찍지 않으면 과정과 결과가 휘발되어버리지만, 글쓰기는 과정도 결과도 모두 명확하게 남기 때문이다.

　학교에서 많이 하는 글쓰기는 '필기'다. 선생님이 칠판에 판서하고 아이들이 그 내용을 그대로 따라서 공책에 쓰는 방식이다. 물론 이 방법도 반복의 효과는 있지만, 아이들이 내용에 대해 생각하고 요약하는 과정이 빠진다는 단점이 있다. 이를 보완하기 위해 탄생한 방법이 바로 '배움 노트' 쓰기다. 배움 노트는 코넬 노트 정리법을 응용한 것이다.

📖 코넬 노트란?

코넬 노트는 미국 코넬대 교육학과의 월터 포크 교수가 고안한 노트 필기법으로, 전 세계적으로 사용되고 있다. 코넬 노트는 다음과 같이 공책을 3개의 부분으로 나눠 활용한다.

① **[수업 중] 노트 필기:** 수업을 들으면서 내용을 필기하고 정리한다.
② **[수업 후] 단서:** 수업 내용 중 핵심어를 찾아 쓰고 내용을 구조화하며 질문을 기록한다.
③ **[수업 후] 정리:** 내용을 간단하게 요약해서 정리한다.

코넬 노트를 쓰는 방식은 총 5단계다. 우선 1단계는 기록^{Record}이다. ①에 수업 중에 보고 듣는 내용을 쓴다. 2단계는 줄이기^{Reduce}다. ①에 필기한 내용에서 핵심어를 찾아 순서와 내용에 따라 구조화해서 ②에 적는다. 3단계는 외우기^{Recite}다. ①의 내용을 가린 후 ②의 핵심어를 외워 내용을 스스로 설명해본다. 4단계는 성찰^{Reflect}이다. 공책에 쓴 내용을 다시 한번 읽어보며 새롭게 떠오른 생각을 추가해서 정리한다. 마지막 5단계는 복습^{Review}이다. 핵심어를 이용해 내용을 몇 문장으로 ③에 정리한다.

코넬 노트를 응용한 배움 노트 쓰기

코넬 노트는 대학 교수가 개발한 방식이라 다소 전문적이어서 초등학생들에게는 적용하기에 어려운 면이 있다. 우선 초등학생들은 40분간 해야 할 일이 너무 많아서 ①에 필기하기가 어렵다. 수업 시간에 보고 들으면서 동시에 기록하는 것은 매우 고차원적인 일이고, 수업 중 필기할 시간을 따로 챙기는 것도 현실적으로는 무리다. 아이들이 알아서 척척 수업 내용을 기록하면 좋겠지만, 실제 아이들의 글씨 쓰는 속도는 빠르지 않은데다 개인별로 편차가 커서 글씨를 느리게 쓰는 아이들은 수업 내용을 놓칠 수 있다. 수업에 참여하지 못한 채로 정리하는 것은 의미가 없다.

　그리고 아이들이 실제로 수업 내용을 구조화해서 정리하기란 매우 어렵다. ①에 정리할 때 최대한 많은 정보를 써야 하는데, 정보를 단지 나열만 해서는 기억이 떠오르지 않는다. 분명 자기가 쓴 것인데도 '이게 뭐지?'라고 생각할 수 있다. 정보를 되도록 구조화해서 들여쓰기를 하며 정리해야 하는데, 초등학생들에게는 힘든 일이다. 하기 어렵거나 시간이 오래 걸리면 꾸준히 할 수가 없다. 그래서 많은 교사들이 코넬 노트를 그대로 쓰지 않고 다음과 같이 적당한 선에서 응용해 사용한다.

- **준비:** 공책에 기본선을 긋는다. 줄 공책을 사용하며, 위에서부터 차례로 3줄의 선을 긋고, 밑에서부터 5줄 위치에 선을 긋는다. 왼쪽부터 5cm 정도에 세로선을 긋는다. 처음에는 아이들이 자를 대고 선을 긋는 것도 시간이 꽤 걸리

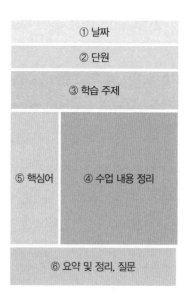

① 날짜
② 단원
③ 학습 주제
⑤ 핵심어
④ 수업 내용 정리
⑥ 요약 및 정리, 질문

지만, 하다 보면 요령이 생겨 쉬는 시간에 미리 그어놓기도 하고, 시간이 날 때 한꺼번에 그어놓기도 한다. 물론 시중에서는 선이 인쇄된 배움 노트를 팔기도 한다.

① **날짜:** 학습한 날짜를 쓴다.

② **단원:** 오늘 학습한 단원의 제목을 쓴다. 현재 자신이 공부하는 단원을 계속 확인해야 한다.

③ **학습 주제:** 오늘 학습한 내용의 주제를 쓴다. 구체적으로 어떤 내용을 배웠는지 기록한다. 그냥 대충 쓰는 경우가 많은데, 학습 주제는 오늘의 수업과 배움 노트의 정리 방향이므로 아주 중요하다. 그리고 나중에 ⑥에 요약 및 정리를 할 때 '질문'에 해당된다.

④ **수업 내용 정리:** 코넬 노트는 이 부분을 수업 중에 기록하지만, 나는 조금 변형해서 복습의 수단으로 활용했다. 단순히 수업 내용을 떠올려서 정리하거나, 교과서를 보고 정리하라고 하면 아이들은 어떻게 해야 할지 고민에 휩싸인다. 앞서 언급했듯이 초등학생들에게 수업 내용을 구조화해서 정리하라고 하는 것은 굉장히 비효율적이다. 그래서 나는 수업 내용이 정리된 학습지를 주는 방식으

로 아이들의 구조화를 도왔다. 공책의 왼쪽에 학습지를 붙이고 이것을 참고해서 오른쪽에 배움 노트를 정리하게 했다. 물론 처음부터 스스로 하기는 어렵지만, 학습지를 보고 정리하는 것만으로도 수업 내용의 흐름과 체계를 이해할 수 있고 반복의 효과 또한 있다. 참고 자료로 인해 아이들은 정리에 대한 부담을 덜 갖는다. 그리고 정리할 때는 줄글 형태를 피하고, 단어 위주의 간단한 정리나 도표, 마인드맵, 화살표 등을 사용한 한눈에 들어오는 정리를 목표로 삼는다. 색깔 펜, 형광펜 등을 이용해 강조 부분을 표시하는 것도 좋은 방법이다.

⑤ **핵심어:** ④를 쓴 다음, 수업에서 중요한 단어들을 찾아본다. 보통 3~4개 정도 찾을 수 있다. 핵심어를 제대로 찾아야 ⑥에서 활용할 수 있으므로 부모나 교사가 피드백을 할 때 꼼꼼히 확인해야 한다.

⑥ **요약 및 정리, 질문:** ③의 학습 주제를 한마디로 설명하면 된다. 무엇을 써야 할지 모른다면 질문에 해당하는 학습 주제를 다시 한번 읽어보게 한다. ⑤에서 찾은 핵심어를 활용하면 더 쉽게 쓸 수 있으며, 공부하다가 궁금한 부분에 대한 질문을 써도 된다. 나는 아이들이 ⑥에 쓴 내용을 글쓰기 교육과 관련지어 피드백을 가장 많

이 했다. 핵심어가 잘 들어갔는지, 핵심어로 자연스러운 문장을 구성했는지, 문장의 연결이 매끄러운지, 맞춤법과 띄어쓰기를 제대로 했는지 등을 확인한다.

학년에 따른 배움 노트 쓰기

배움 노트는 학년별로 쓰는 방법을 달리해야 한다. 코넬 노트의 양식에 맞춰 쓰려면 메타인지가 어느 정도 발달해야 하고, 또 머릿속에서 중요한 내용을 단순화하는 능력이 필요하다. 하지만 초등 저학년은 구체적 조작기라, 배운 내용을 논리적으로 연결해서 글과 그림으로 정리하기가 쉽지 않다. 그러므로 1,2학년 아이들은 '이번 시간에 배운 내용을 한 문장으로 쓰기', '이번 시간에 가장 많이 나온 단어 쓰기' 등 간단한 형태로 하는 것이 좋다.

3학년부터는 기초 양식의 배움 노트를 작성할 수 있다. '수업 시간에 배운 내용을 한 문장으로 정리하기'와 '핵심어로 짧은 글쓰기' 정도는 충분히 할 수 있다. 4학년 중에서 논리적 사고력이 발달한 아이들은 핵심어도 잘 찾고 구조화에도 능숙하다. 5,6학년은 앞서 설명한 양식 그대로 배움 노트를 작성할 수 있다. 물론 개인 편차가 있지만, 양식을 수정하면 모든 학년에 적용 가능하니 아이가 몇 학년이든 꼭 배움 노트를 쓰면 좋겠다.

배움 노트의 핵심, 추상화

배움 노트는 단순히 배운 내용을 옮겨 쓰는 것이 아니라 배운 내용을 자신이 원래 알고 있던 지식과 결합해서 재조직한 결과물을 표현하는 과정이다. 배운 내용을 기존 지식과 완전히 결합하면 자신만의 방식으로 표현이 가능해진다. 이때 중요한 부분과 필요한 부분만 통합해서 간단하게 표현해야 하는데, 이것이 바로 단순화, 즉 '추상화'의 과정이다. 중요한 내용을 잘 골라서 단순화할 수 있는 능력은 뇌 발달 단계상 고학년으로 갈수록 성장한다. 하지만 추상화는 저절로 이뤄지지 않으니 적절한 지도가 필요하다. 모범 사례를 보여주거나 함께 중요한 내용을 찾아서 글과 그림으로 정리하면 좋다.

배움 노트 쓰기 지도법

배운 내용을 구조화하고 핵심어를 찾아 요약 및 정리하는 일이 처음부터 잘될 리가 만무하다. 이런 상황을 반전시키기 위해서는 아이의 노력 못지않게 부모나 교사의 끈기도 중요하다. 의지를 갖고 꾸준히 지도하면 어느새 핵심어를 찾아 잘 정리하는 아이를 발견하게 될 것이다. 학교에서는 주로 잘 정리하는 친구들의 배움 노트를 보여주면서 동기 부여를 한다. 전혀 감을 잡지 못하던 아이들도 친구의 배움 노트를 보면서 어떻게 해야 할지 알게 되고, 오히려 더 깔끔하고 간단하게 정리하기 위해 스스로 애쓰기도 한다. 한 달만 꾸준히 지도해도 아이들 대부분이 일정 수준 이상으로 올라온다. 막상 시작하려니 복잡해 보이고 오래 걸릴 것 같아 망설여질 수도 있다. 하지만 앞서 제시한 배움 노트 쓰기 방식의 경우, 학습지라는 참고 자료가 제공되기 때문에 실제로 아이들이 느끼는 부담은 적다. 물론 처음에는 배움 노트를 쓰는 데 30분 이상 걸릴 수도 있지만, 하다 보면 10분 정도로 단축된다.

배움 노트의 효과

배움 노트를 쓰고 나서 얻은 가장 큰 효과는 수업 시간에 이전에 배운 내용을 질문했을 때 대답하는 아이들의 수가 눈에 띄게 늘었다는 것이다. 정답의 빈도가 떨어지는 내용은 각자의 배움 노트로 조금 더 복습하게 한다. 이어서 요약 및 정리 문장을 모둠 친구들과 돌아가며 읽게 한다. 친구의 목소리로 들으면서 여러 번 반복하는 셈이다.

앞서 언급했듯이 배움 노트 쓰기는 선생님의 칠판 판서를 그대로 옮겨 쓰는 것과 전혀 다르다. 배움 노트를 쓸 때 아이들은 뇌에서 자기화 과정을 거친다. 글로 쓰려면 생각하고 정리하며 자기 나름의 단어를 선택해 이어나갈 수밖에 없다. 같은 수업 내용으로 배움 노트를 쓰지만 결과물은 아이마다 모두 다르다.

부모님들이 상담 주간에 늘 하는 이야기가 있다. 집에서 따로 공부를 안 했는데도 단원 평가를 잘 봐서 신기하다고 말이다. 배움 노트를 활용해 복습을 거듭하다 보니, 대부분의 수업 내용이 아이들의 장기 기억으로 이동하고 내용의 구조화 또한 자연스럽게 이뤄진다. 내용을 정리하고 핵심어를 찾고 요약하는 것 전부가 글쓰기다. 배운 내용을 글로 쓰는 과정에서 수없이 반복이 일어나며 학습 효과가 극대화된다. 특히 배움 노트의 마지막 부분인 요약 및 정리에서의 문장 쓰기는 그야말로 화룡점정이다. 요약하는 글쓰기는 학습의 마침표가 되어준다.

배움 노트의 활용법

학년별, 과목별, 개인별로 배움 노트의 양식을 변형해서 사용하면 된다. 나는 우리 반에서 사회, 과학 과목만 앞선 양식을 활용했다. 국어는 활동 위주라 정리할 내용이 많지 않아 매번 배움 노트를 쓰기에는 적합하지 않다고 생각했다. 그래서 두세 문장으로 배운 내용 글쓰기만 진행했다. 그리고 수학은 이론적으로 내용을 정리하기보다는 실제로 문제를 풀 수 있는지가 더 중요하기 때문에 '문제를 만들어서 친구와 바꿔 풀기'의 형태로 복습했다.

아무리 좋은 것도 받아들이는 사람에 따라 소화 정도가 달라진다. 대부분의 아이들은 한 달가량 꼼꼼하게 피드백하면 어느 정도 배움 노트를 잘 쓰지만, 몇 달이 지나도 전혀 감을 잡지 못하는 아이들이 있다. 이런 아이들은 수업에 집중하지 못하고 머릿속에서 내용이 구조화되지 않아 배움 노트를 잘 쓰지 못한다. 그래도 숙제니까 해야 한다는 생각에 전과나 문제집의 요약 부분을 그대로 베끼거나 대충 학습지나 교과서 군데군데를 옮겨 쓰곤 한다. 이 경우 앞뒤 내용이 맞지 않아 직접 쓰지 않았다는 사실을 금방 확인할 수 있다. 이런 배움 노트는 아이가 스스로 생각하는 과정이 빠졌기에 의미가 없다. 그래서 나는 이런 아이들은 기본으로 돌아가서 교과서를 베껴 쓰게 한다. 교과서의 글을 빠짐없이 쓰면서 다시 한번 내용을 이해해보는 것이다. 배움 노트 쓰기에 어려움을 느끼지 않는 아이라도 국어와 사회는 교과서 베껴 쓰기를 추천한다.

교사로서 내가 추구하는 배움 노트의 방향은 '최대한 짧게', '한눈에 들어오게' 이렇게 2가지다. 1시간 동안 배운 내용 전부를 정리하는 것이 아니라, 핵심 내용만 단어 위주로 쓰는 것이다. 하지만 아이들은 대부분 두 부류로 나뉜다. 너무 열심히 하고 싶은 나머지 교과서 내용을 전부 담으려고 하거나 성의 없이 한두 줄만 쓰고 만다. 배움 노트는 1년간 매일 써야 하기에 매시간 배운 내용 전부에 에너지를 쏟으면 하루 이틀 하다가 지치고 만다. 게다가 쓰는 데 부담을 느껴 꾸준히 하기가 어려워진다. 배움 노트를 쓰는 목적은 배운 내용을 정리하고 복습하기 위해서다. 그리고 나중에 배움 노트를 보며 수업 내용을 떠올릴 수 있어야 한다. 길고 복잡한 정리는 쓰기도 힘들 뿐만 아니라 다시 보기도 싫다. 내용이 한눈에 들어오지도 않는다. 그러므로 핵심어 위주의 짧은 글로 꾸준히 쓰는 것이 가장 중요하다.

배움 노트 예시

배움 노트의 좋지 않은 예.
열심히만 썼을 뿐 잘 정리한 것은 아니다. 줄글 위주로 정리하면 내용이 한눈에 들어오지 않는다.

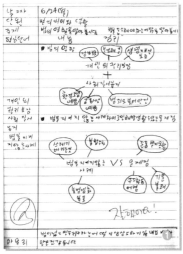

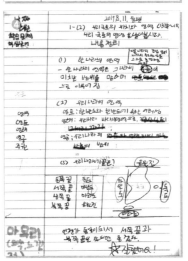

배움 노트의 좋은 예.

① 마인드맵으로 정리하면 내용을 전체적으로 볼 수 있다.

② 그림을 그려서 정리하면 시각적으로 공부할 수 있어 효과적이다.

③ 핵심어로 개념을 짧게 정리하면 한눈에 들어와서 복습할 때 편하다.

④ 핵심어나 기억해야 할 내용에 형광펜으로 밑줄을 긋거나 동그라미로 강조하면 좋다.

집에서 활용하는 배움 노트

학교에서 배움 노트를 쓰지 않는다면 집에서 활용해보길 추천한다. 반복은 공부의 기본이다. 배움 노트를 1년 동안 쓴 제자가 중학교에 가서도 혼자 하고 있다며 보여준 적이 있다. 처음부터 부모가 피드백을 하면서 습관을 만들어준다면 아이에게는 스스로 쓸 수 있는 힘이 생긴다. 그런데 집에서 배움 노트를 쓴다면 앞서 제시한 양식을 그대로 활용하기는 번거롭다고 생각한다. 게다가 모든 과목에 대해 자세히 쓰는 것은 아이에게 부담스럽다. 그렇다면 과목당 한두 줄 정도로 간단히 쓰는 방법은 어떨까? 앞서 제시한 배움 노트 양식에서 ③, ⑥의 내용만 쓰는 것이다. 매시간의 수업 내용을 짧은 글로 쓰면서 복습할 수 있다. 반드시 핵심어가 들어가게 쓰며, 당연히 더 쓰고 싶은 과목은 길게 쓰게 한다. 특히 영어의 경우 배움 노트에 핵심 표현Key Expression을 상황과 단어를 바꿔서 여러 번 쓰면 복습에 큰 도움이 될 것이다.

[집에서 쓴 3학년의 배움 노트]

날짜	(3)월 (2)일 (화)요일
1교시 (국어)	학습 주제: 시에 나타난 감각적 표현 알기 '소나기'라는 시를 읽고 감각적인 표현을 찾아보았다. 나는 비 오는 소리를 실로폰 소리로 표현한 것이 재미있었다.
2교시 (과학)	학습 주제: 과학자는 어떻게 관찰할까요? 과학자는 감각 기관이나 도구를 이용하여 관찰한다. 오늘은 땅콩을 만져보고 눈으로 보고 소리도 들어보며 친구들과 이야기를 했다. 땅콩은 눈사람 모양처럼 생겼고 표면에 무늬가 있으며 황토색이다. 땅콩 깍지를 쪼개면 '와지직' 소리가 난다.
3교시 (영어)	학습 주제: Lesson1. Hello − 1. Hi, I'm Hello 알파벳 대소문자를 배웠다. Aa, Bb, Cc, Dd, Ee, Ff, Gg, Hh, Ii
4교시 (체육)	학습 주제: 우리 몸의 바른 자세 걸어갈 때, 자전거를 탈 때, 의자에 앉아 있을 때, 서 있을 때 등과 같은 상황에서의 바른 자세에 대해 배웠다.
5교시 (사회)	학습 주제: 우리 고장의 여러 장소 이야기해보기 우리 고장에는 많은 장소가 있다. 친구들과 장소에서 있었던 일에 대해 이야기해보았다.

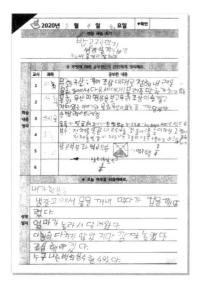

▎초등 3학년이 쓴 배움 노트. 비교적 간단한 양식이라 집에서도 충분히 활용할 수 있다.

　앞선 양식을 미리 한꺼번에 여러 장 출력해서 링으로 묶어 집에 준비해둔다. 아이가 매일 채워가는 재미를 느낄 수 있도록 동기를 부여하면 더 좋다. 집에서 쓰는 배움 노트는 아이에게는 복습의 기회며, 부모는 오늘 하루 우리 아이가 무엇을 배웠는지 자연스럽게 확인할 수 있는 지표가 된다.

짧은 글쓰기 연습 '○○○는 ( )다. 왜냐하면…'

매일 짧은 글쓰기로 연습하기 좋은 방법은 '○○○는 ( )다. 왜냐하면…'의 형식으로 글을 쓰는 것이다. 이러한 형식은 배움 노트를 쓸 때 유용하다. 도덕 시간에 '우정'에 대해 배웠다면 '우정은 ( )다. 왜냐하면…' 형식의 빈칸에 자신이 생각하는 우정의 의미를 단어나 짧은 글로 쓴다. 그다음에 그렇게 생각한 이유를 덧붙이면 쉽게 두세 줄 정도의 글을 쓸 수 있다. 집에서 부모가 아이와 함께 글쓰기를 한다면 같은 대상에 대해 이와 같은 형식으로 글을 쓴 뒤 바꿔서 보면 서로의 생각을 비교해볼 수 있다. 게임이나 사춘기처럼 부모와 아이의 갈등을 유발하는 주제에 대해 이야기할 때 특히 좋다. 아이에게 말로 하면 불만스러운 마음이 쉽게 표출되어 대화가 힘들어지지만, 글로 쓰면 어느 정도 감정을 절제할 수 있어 논리적으로 접근하게 되기 때문이다. 아이도 자기 생각을 논리 정연하게 써야 하므로 대상에 대해 다시 한번 생각해보는 계기가 된다.

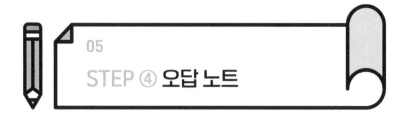

STEP ④ 오답 노트

사람의 기억력은 한계가 있다. 처음에 정보는 감각 기억으로 들어오고, 그중 일부는 단기 기억에 머문다. 단기 기억은 일시적으로 저장되었다가 사라지는 기억으로, 수초 안에 대부분이 소멸된다. 수업 시간에 아이들에게 이전 시간에 배운 내용을 물었을 때 잘 기억하지 못하는 것은 어쩌면 당연한 일이다. 그래서 단기 기억의 정보 중 중요한 것들을 장기 기억으로 옮기려는 노력이 필요하다. 장기 기억은 오랫동안 지속되는 기억으로, 공부한 내용을 장기 기억에 많이 저장한 아이일수록 학업 성취도가 높다. 그렇다면 단기 기억의 정보는 어떻게 장기 기억으로 가는 것일까? 장기 기억이 재생되는 경우는 다음과 같다.

- 서로 관련이 있는 개별 정보를 조직화할 때
- 기억할 때와 저장할 때의 상황이 서로 비슷할 때
- 반복적이고 지속적으로 학습할 때

이와 같은 기준으로 볼 때 오답 노트는 단기 기억의 정보를 장기 기억으로 넘기는 데 아주 좋은 전략이다. 오답 노트를 쓰면 관련 내용을 찾아서 정보를 잇는 과정을 거치는데, 이때 원래 알고 있던 내용과 몰랐던 내용이 연결되면서 개별 정보가 조직화된다. 그리고 틀린 문제를 쓰고 틀린 이유를 찾아보고 정답을 맞히는 과정에서 내용을 반복하게 된다. 그래서 공부한 내용이 장기 기억으로 넘어가고, 모르거나 애매하게 알고 있던 내용이 명확히 아는 내용으로 바뀌는 것이다.

아이들은 오답 노트를 쓰며 여러 가지 문제를 맞닥뜨린다. 먼저 시간이 오래 걸린다는 점이다. 문제와 지문이 길다 보니 이것을 쓰는 데 기본적인 시간이 소요되고, 그렇다고 문제를 복사해서 오려 붙이자니 이 또한 일이다. 여기에 틀린 이유, 관련 내용까지 써야 하니 한 문제를 하는 데도 긴 시간이 필요하다. 그러다 보니 점점 하기가 싫어진다. 또 다른 문제는 효율성이다. 긴 시간을 투자

한 만큼 효과가 있어야 하는데, 오답 노트를 잘못 쓰는 바람에 틀린 문제를 또 틀리거나 더 헷갈리는 부작용이 발생하기도 한다. 특히 초등 아이들은 오답 노트의 필요성을 인지하지 못해 대충 답만 고쳐 쓰기도 하는데, 이런 경우 문제를 정확히 이해한 것이 아니기에 다음번에 또 틀릴 수 있다.

📦 오답 노트를 쓸 때 주의할 점

나는 우리 반 아이들에게 오답 노트를 쓸 때 정답을 맞히거나 예쁘게 꾸미는 데만 치중하지 말라고 강조한다. 아무런 설명 없이 아이들에게 오답 노트를 쓰라고 하면 대부분이 틀린 답과 정답만 쓴다. 그리고 틀린 이유를 '잘 몰라서', '헷갈려서' 등 의미 없는 말로 쓴다. 뭔가 형식은 갖춰진 듯 보이지만 이렇게 쓸 거면 사실 안 쓰는 게 낫다. 그래서 나는 '틀린 이유' 대신 '이것을 알았다면 맞힐 수 있었던 내용'을 쓰게 한다. 자신이 몰랐던 내용을 글로 써보는 것이다.

오답 노트는 부담을 주지 않는 선에서 아이가 해볼 만하다는 느낌이 들어야 실제로 꾸준히 하게 된다. 너무 양이 많아서 도저히 못하겠다는 생각이 들면 포기하는 아이들이 하나둘 생긴다. 그래서 오답 노트를 쓸 때는 2개까지만 하는 것을 권하고 싶다. 틀린 문제를 다 쓴다고 해도 아이의 머릿속에 그 내용이 전부 남진 않을 것이다. 한 번에 2개씩 집중해서 쓰는 방법이 훨씬 효과적이다. 물론 아이가 잘 따라온다면 그 이상을 해도 무방하다.

오답 노트 쓰는 방법

공책 활용하기

초등 교과의 문제는 그리 길지 않기에 문제와 보기까지 모두 쓴다. 공책의 오른쪽 면에 문제와 보기를 쓴 뒤, 교과서로 관련 내용을 공부한다. 내용을 이해한 후에는 공책을 한 장 넘긴 뒷면을 반으로 접어 왼쪽 면에 이해한 내용을 정리한다. 다시 문제를 풀었을 때 맞힌다면 접어서 완료 표시를 한다. 다시 틀린다면 몰랐던 내용을 찾아 덧붙여서 쓴다. 비슷한 문제를 틀린다면 그 문제 아래에 추가하면 된다. 한 문제를 공책 한 장에 여유 있게 정리하면 나중에 비슷한 문제나 관련 내용을 추가하기가 수월하다.

포스트잇 활용하기

무엇보다 오답 노트는 최대한 짧은 시간에 써야 한다. 길고 복잡

하면 꾸준히 할 수 없다. 문제를 별도의 공책에 옮기지 않고 시험지나 교과서에 바로 오답 정리를 하면 시간을 줄일 수 있다. 이때 포스트잇을 활용하면 굉장히 편리하다. 포스트잇에는 문제를 틀린 이유나 관련 내용을 간단하게 쓴다.

[사회] 도시가 발달하는 곳의 특징이 아닌 것을 찾는 문제	[수학] 무게가 가벼운 것부터 차례대로 기호를 쓰는 문제
• 도시가 발달하는 곳의 특징 ① 일자리 많은 곳 ② 정치의 중심이 되는 곳 ③ 사람과 물건의 이동이 편리한 곳 ∨ 높고 험한 산은 사람이 모여 살기 어렵기에 도시가 발달하기 어렵다.	• 1000kg＝1t • 1000g＝1kg ∨ 여러 가지 단위가 섞여 있을 땐 같은 단위로 만들자!

여기에서 포인트는 너무 길지 않게, 한정된 공간에 쓴다는 것이다. 많이 써서 만족감을 느끼기보다는 그동안 몰랐던 내용만 간단하게 몇 문장으로 쓴다. 이렇게 하면 쓰는 시간이 줄어들 뿐만 아니라 정말 중요한 내용만 명확하게 짚고 넘어갈 수 있다.

여기서 끝이 아니다. 내용을 반복해야 기억을 더 공고히 할 수 있다. 오답을 정리했던 문제를 일주일 뒤에 한 번, 그리고 한 달 뒤에 한 번 다시 풀어본다. 이때 또 틀린 문제는 완전히 익힌 것이 아니니 추가 포스트잇을 붙여 다시 한번 오답을 정리한다. 이후 완벽히 풀게 된다면 그 문제는 X 표시를 해서 지우고 포스트잇을 뗀다. 그리고 따로 오답 노트를 만들어 떼어낸 포스트잇을 다시 붙인다. 그러면 오답 노트는 그동안 몰랐던 내용을 정리한 문장으로만 가득 차는데, 이것만 반복해서 읽어도 큰 공부가 된다.

오답 노트를 쓰는 목적은 다음번에 문제의 정답을 맞히는 것이 아니라 틀린 문제를 통해 그동안 몰랐던 내용을 확실히 공부하는 데 있다. 이번에 잘 알고 풀어서 정답을 맞힌 문제는 다음번에 풀어도 맞힌다. 아이는 틀린 문제를 통해 그동안 몰랐던 내용을 알고, 빈틈을 채워나가는 작업을 해야 한다. 오답 노트는 메타인지를 키우는 아주 좋은 방법이다. 틀린 문제를 통해 자신이 아는 내용과 모르는 내용을 구분해보고, 모르는 내용과 애매하게 아는 내용에 대해 다시 공부해서 문제에 적용해보는 과정은 메타인지를 위한 활동 그 자체다. 오답 노트로 메타인지를 키운다면 성적도 올라가고 동시에 글쓰기 실력도 향상될 것이다.

책 읽기에서 글쓰기로

책은 아이들에게 지식과 지혜를 줄 뿐만 아니라 생각할 기회도 준다. 책을 읽으면서 뒷부분을 상상해보거나 주인공의 마음을 헤아려보기도 하며 나라면 어떻게 했을지 생각해보기도 한다. 또 주인공을 비판해보기도 하고 재미있었는지 평가해보기도 한다. 책 읽기 자체가 생각의 과정이며, 질문을 던져준다. 이런 의미에서 글쓰기 전에 쓸거리를 마련할 때 책 읽기가 아주 큰 역할을 한다고 볼 수 있다.

글쓰기를 잘하려면 아이 수준에 맞는 글밥의 책을 꾸준히 읽어야 한다. 다양한 분야의 책을 고루 읽을 때 지식이 깊어지고 쓸거리도 다양해진다. 다양한 책 중에서도 글쓰기를 위한 책으로 활용하기 좋은 것이 '그림책'이다. 그림책은 글밥이 적어 유아나 저학년 수준의 책으로 생각하기 쉽지만 활용하기에 따라 고학년, 심지어 성인까지도 유의미하게 볼 수 있다.

우리 반은 함께 그림책 읽기를 꾸준히 했다. 그림책을 읽고 생각해볼 문제를 찾아보고 친구들과 이야기를 나누며 생각을 정리했다. 그런 다음에 글쓰기로 마무리했다. 책을 갖고 할 수 있는 글쓰기의 방법은 그야말로 무궁무진하다.

어느 해인가 초등 5학년 아이들과 함께 요시타케 신스케의 그림책 『심심해 심심해』를 읽었다. 평소 아이들이 "심심해"라는 말을 자주 하는데, 이 책에는 '심심하다'는 말의 의미에 대해 다양하게 생각해보는 장면이 나온다. 그래서 책을 읽고 나서 '심심하다'에 대한 생각을 나눠보면 좋겠다고 생각했다. 자주 쓰는 말이라 의미를 안다고 생각하지만, 말에 대해 깊이 생각해서 이야기하다 보면 의외의 부분을 발견하기도 하고 실은 내가 그 말에 대해 잘 모른다는 생각을 하기도 한다. 아이들과 '심심하다'에 대해 여러 가지 이야기를 나눴다. 다양한 경험을 이야기하면서 '심심하다'가 어떤 의미인지 본질에 점점 가까워졌다. 그런 다음에 각자 '심심하다'의 정의를 내리는 글을 썼다. 아이들은 꽤 진지하게 글쓰기에 임했다. 별것 아닌 것 같지만, 어떤 말에 경험과 지식을 더해 생각한 다음에 글로 쓴다는 것은 매우 고차원적인 일이다. 아이들은 스스로 생각하는 과정을 통해 의미를 정의하고 구체화할 수 있다.

백희나의 그림책 『알사탕』을 읽고 나서 한 활동도 아이들은 즐거워했다. 책 속에는 알사탕을 먹을 때마다 주변의 사물이나 동물 등의 목소리를 들을 수 있는 장면이 나온다. 그러면서 외로웠던 주인공이 마음을 열고 친구에게 다가가는 장면으로 끝나면서 따뜻함을 준다. 아이들과 책을 읽고 '특별한 알사탕을 먹었다면 어떤 소리가 들릴지 상상해보기'라는 주제로 글을 썼는데, 정말 기발한 아이디어들이 많이 나와서 서로 나누며 많이 웃고 즐거웠다. 다른 사물과 동물, 사람의 생각을 상상해보며 자신의 잘못을 반성하는 아이도 있었다.

알사탕을 먹고 나서 이를 닦으려고 화장실에 들어가니 칫솔이 말했다.
"너는 도대체 뭘 먹은 거야? 네가 나를 입속에 넣을 때마다 지옥이야."
평소에 칫솔을 소중히 다루지 않은 것 같아 미안했다.
방에 와서 알사탕 하나를 더 먹었다. 그러자 갑자기 흰색 티셔츠의 말소리가 들리기 시작했다.
"왜 굳이 빨간 양념이 묻은 떡볶이를 먹을 때 나를 입는 거야. 그리고 세탁기 돌릴 때 나랑 검은색 티셔츠랑 섞어놓지 마."
그동안 흰색 티셔츠가 힘들었나 보다. 앞으로는 깨끗이 입어야겠다.
갑자기 옷장에서 소리가 났다. 그래서 옷장을 열어보니 옷장 구석에서 저번에 내가 찾던 후드티가 말을 했다.
"나 좀 빼줘. 옷장 정리가 안 되어 있어서 내가 구석으로 빠져버렸어."
"그렇구나. 이번 주에 옷장 정리를 꼭 할게."
마지막 남은 알사탕 하나를 먹고 나자 스마트폰의 목소리가 들렸다. 스

마트폰은 나에게 이렇게 말했다.

"그만 좀 사용해. 내 몸이 뜨겁다고! 나도 쉬고 싶어."

앞으로는 스마트폰이 쉴 수 있게 조금만 사용해야겠다.

그림책의 표지를 보고 이야기 짐작하기, 내용 바꾸기, 나라면 어떤 경험을 했을지 상상하기, 주인공이 어떤 성격일지 추측하기, 뒷이야기를 새롭게 꾸미기 등 다양하게 글쓰기 활동을 할 수 있다. 그림책은 글밥이 적어 아이들이 부담 없이 읽을 수 있으므로 글쓰기와 함께하기 참 좋다.

책 읽기를 하는 것만으로는 그 내용을 완전히 자신의 것으로 만들 수 없다. 책을 감명 깊게 읽고 새로운 다짐을 하다가도 며칠만 지나면 제목도 긴가민가하고 내용도 잊는 것이 현실이다. 책을 읽고 나서 내 생각을 담아 나만의 언어로 정리할 때 진짜 내 것이 된다. 다시 말해 책 읽기는 글쓰기로 완성되는 것이다. 그리고 책은 쓸거리를 안겨주는 아주 좋은 도구며, 책 읽기와 글쓰기는 아이들이 꼭 해야 할 필수 세트임을 잊지 말아야 한다.

3장

메타인지를 키우는
학년별 초등 글쓰기

저학년 편

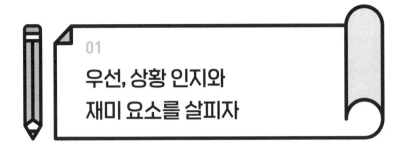

01
우선, 상황 인지와
재미 요소를 살피자

메타인지는 고차원적이어서 고학년이 되어야 가능하다고 생각할 수도 있다. 유치원을 졸업하고 갓 초등학교에 입학한, 아직 어려 보이기만 하는 아이에게 메타인지는 먼 나라의 이야기일지도 모른다. 하지만 메타인지는 고학년 아이들만 가질 수 있는 것이 아니다. 저학년 아이들도 충분히 가능하다.

물론 메타인지에도 수준이 있다. 자신의 경험과 지식의 정도에 따라 메타인지의 수준은 달라지지만, 누구에게나 메타인지는 작동한다. 심지어 취학 전 어린아이들에게도 말이다. 자신이 한 말이나 행동에 대해 곰곰이 생각한 후, 다음번에는 어떻게 해야 할지 가늠

137

해서 실천하는 일련의 과정도 단순하지만 메타인지의 과정이라고 할 수 있다. 유치원 아이들도 엄마에게 혼났을 때, 친구와 싸웠을 때 등의 경우에 자신의 인지에 대한 상위의 인지 활동을 일으킨다.

학년이 올라갈수록, 발달 단계가 높아질수록 보다 고차원적인 메타인지가 필요하다. 그런데 막상 필요할 때 메타인지가 작동하지 못한다면 단기간에 그 능력을 키울 수 있을까? 메타인지는 저절로 발달하지 않기에 거듭된 연습이 필요하다. 특히 공부의 수준이 높아지고 내용이 어려워지는 고학년 시기에 실력을 발휘하기 위해서는 저학년부터 차근차근 메타인지를 키워나가야 한다.

특정 활동을 통해 메타인지가 활성화되도록 돕는다면 어떤 아이든 메타인지를 발달시킬 수 있다. 이것은 공부머리를 기르는 방법이기도 하다. 여기에서 특정 활동은 거듭 강조하지만 바로 '글쓰기'다. 인풋에 대한 결과를 확인하고, 시행착오에 대해 스스로 피드백하면서 수정하는 메타인지의 과정을 글쓰기를 통해 경험할 수 있기 때문이다.

- 메타인지: 상황 인지 → 분석 → 판단(+피드백)
- 글쓰기: 주제 선정 및 정보 수집 → 구상 → 실제 쓰기(+고쳐 쓰기)

저학년 아이들은 발달 단계상 구체적 조작기다. 놀이와 공부의 기준이 모호하고 구체적인 경험을 통해 대상을 인지한다. 그래서 현실을 기준으로 생각의 틀에 가두기보다는 대상에 대해 호기심과 의문을 품고 활발히 상상하게 해야 한다. 이런 특성을 고려해 글쓰기 방법을 적용하면 메타인지 발달을 배가시킬 수 있다. 저학년 때 앞서 제시한 단계인 '상황 인지 → 분석 → 판단' 중 '상황 인지'에 초점을 맞춰 메타인지의 맛을 보고, 고학년으로 갈수록 분석과 판단을 중점적으로 연습한다면 체계적으로 메타인지를 키울 수 있다.

저학년 아이들이 글쓰기로 메타인지를 키우려면 글쓰기 과정에 재미 요소가 필요하다. 호기심을 바탕으로 대상에 대해 오감으로 관찰하고 글쓰기, 놀이를 통한 글쓰기, 풍부한 상상력을 동원한 글쓰기는 재미 요소와 함께 아이들의 특성에도 맞아 저학년에서 활용하기에 적절하다. 그리고 상황 인지는 글쓰기에서 '정보 수집'에 해당하므로, 저학년 때는 대상에 대해 모든 가능성을 열고 정보를 수집할 수 있는 능력을 기르는 데 초점을 맞추면 좋다.

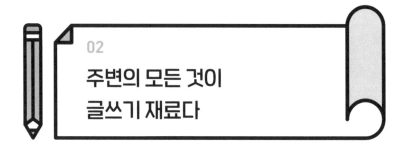

02
주변의 모든 것이
글쓰기 재료다

아이들과 함께 글쓰기를 하면 열심히 쓰는 아이도 있지만, 고민만 하다가 한 글자도 쓰지 못하는 아이도 있다. 다가가서 물어보면 이렇게 대답한다.

"쓸 게 없어요."

쓸 게 없다니 무슨 뜻일까? 글쓰기가 귀찮을 수도 있고, 주제에 대해 경험하거나 생각한 적이 없다는 뜻일 수도 있다. 특히 아이들은 매일 일기를 쓰자는 나의 제안에 고개를 저으며 이와 같은 말을 반복한다. 매일 비슷한 일상이 반복되고 특별한 일이 없어서 쓸 게 없다는 것이다. 하지만 우리 반을 글쓰기로 이끌면서, 그리고 일상에서 글쓰기를 하면서 깨달았다. 주변의 '모든 것'이 글쓰기 재료라는 사실을 말이다.

아이들에게 쓸 게 없는 것이 아니라 주변의 모든 것이 쓸거리라는 사실을 깨닫지 못했기 때문임을 이야기해주고 싶었다. 그래서 몇 가지 활동을 진행했다. 가장 먼저 아이들에게 숙제를 냈다. 다음 날 아침에 학교에 오면서 마주치는 사람들과 친구들의 표정을 관찰하는 것이었다. 아이들은 별도로 해야 하는 활동이 아니어서 부담 없이 다음 날 아침에 주변 사람들을 관찰하면서 학교에 왔다. 깜박 잊고 관찰을 하지 못한 아이들은 복도에서라도 친구들의 표정을 살피라고 했다. 그래서 아침 자습 시간에 '오늘 아침에 만난 사람들'이라는 주제로 글쓰기를 했다. 이때 그냥 쓰라고 하지 않고 질문을 함께 칠판에 써줬다.

- 아침에 만난 사람들의 모습은 어땠나요?
- 그 사람과 어떤 말을 나눴나요? 그리고 어떤 행동을 했나요?
- 그 사람을 보고 어떤 생각을 했나요? 어떤 느낌이 들었나요?

아이들은 나름대로 관찰한 사람들의 모습과 표정 등을 글로 쓰기 시작했다. 관찰 후 거의 바로 썼기에 고민의 시간이 짧았다. 칠판의 질문에 대답하듯 글을 쓴 아이들은 자신의 글을 친구들과 돌려 읽으며 아침의 관찰 내용을 나눴다.

<제목: 이사>(2학년)

오늘 아침 일찍 우리 아파트 우리 동에서 이사를 하고 있었다. 엄청 큰 이삿짐 차가 2대나 왔다. 아저씨들이 짐을 나르는데 땀을 많이 흘리고 있었다. 사다리를 타고 짐이 올라가는데 너무 신기했다. 어떤 사람들이 이사 왔는지 궁금하다.

<제목: 엘리베이터에서 만난 사람들>(3학년)

오늘 아침에 학교 가려고 엘리베이터를 탔는데 7층에서 아줌마와 남자아이가 탔다. 내가 아줌마에게 인사를 하자 아줌마가 학교 가냐고 하며 웃어주었다. 그 아이는 엄마한테 유치원에 가기 싫다고 하며 울었다. 엄마는 안 된다고 하며 아이의 말을 들어주지 않았다. 아줌마 표정이 별로 안 좋아 보였다.

다음 날에는 쉬는 시간의 풍경, 수업 시간의 관찰 등을 주제로 글을 썼다. 일상인 쉬는 시간과 수업 시간을 주제로 글을 쓸 수 있다는 사실은 아이들에게 생각 전환의 계기가 되었다. 수업 시간은

1교시, 5교시, 국어 시간, 사회 시간 등 지정해서 주제로 낼 수도 있다. 아이들은 수업 시간에 배운 내용을 정리하거나 그 시간에 발표한 친구들을 관찰해서 쓰기도 했고 선생님의 이야기 중에 기억에 남는 것을 쓰기도 했다.

쉬는 시간에 있었던 일을 주제로 쓰는 일기에서는 놀이 중 친구들과 있었던 일, 화장실 가는 길에 생겼던 갈등 상황, 몸 상태가 안 좋아 힘들었던 상황 등을 쓰기도 했다. 쉬는 시간에 교실에서 교사가 아무리 주의 깊게 살펴도 세세한 대화나 사건은 보거나 듣지 못하는 경우가 많은데, 이런 일기 덕분에 교실에서의 상황 파악이 더 자세히 되고 생활 지도가 용이하다는 장점이 있었다. 아이들은 일상인 수업 시간과 쉬는 시간을 주제로 일기를 쓸 수 있다는 사실에 '의외로 쓸거리가 많구나'라는 생각을 했고, 일기를 쓸 때 고민의 시간이 줄어들었다. 학교에서뿐만 아니라 집에서도 일기를 쓸 때 이 방법을 활용한다면 아이의 학교생활과 친구 관계에 대해 비교적 자세히 파악할 수 있다.

〈제목: 2교시 쉬는 시간에 있었던 일〉(3학년)

아침부터 배가 살살 아팠다. 화장실에 가고 싶었는데 참았다가 쉬는 시간에 갔는데 애들이 너무 많았다. 애들이 다 가고 나서 화장실에 들어갔는데 수업 종이 쳤다. 결국 수업에 늦게 갔는데 선생님이 왜 늦었냐고 물어보셨는데 대답을 못 했다. 오늘은 괜히 창피하고 기분이 별로다.

<제목: 영어 시간에 사탕 받았어요>(3학년)

영어 시간에 알파벳 시험을 봤다. 두 개가 헷갈렸는데 다행히 맞았다. 시험에 통과해서 사탕을 받았다. 너무 기분 좋았다.

<제목: 줄넘기>(3학년)

3분 동안 양발 모아 뛰기를 해보았는데 땀이 많이 나고 물도 먹고 싶었다. 숨이 차고 심장이 덜컹덜컹거렸다. 그리고 맥박이 쿵쾅쿵쾅거렸다.

어떤 날은 창밖의 풍경에 대해 글을 쓰기도 했다. 평소 교실 안 풍경에 둘러싸여 있으니 색다르게 창밖의 풍경을 자세히 관찰해보는 것이었다. 그냥 무심코 지나칠 때 보이지 않던 운동장과 화단, 벤치, 꽃이 핀 나무 등도 글감이 될 수 있다. 어떤 아이는 운동장과 씨름장의 모래 색깔이 다르다는 것을 글로 썼고, 또 다른 아이는 교실이 운동장의 오른쪽으로 치우쳤다는 사실을 새삼 깨닫고 글로 썼다. 벤치가 몇 개인지, 어떤 운동 기구가 있는지, 학교 밖에는 어떤 건물들이 있는지, 나무 색깔은 어떤지 등 글감은 가지각색이었다. 당연한 것도 어떻게 바라보느냐에 따라 특별한 것이 될 수 있고 무엇이든지 글의 재료가 된다.

〈제목: 내 운동화〉(3학년)

엄마가 운동화 끈을 끼우라고 했다. 그래서 끈을 끼우다가 운동화를 관찰하게 되었다. 이 운동화는 내 생일에 고모가 사 준 건데 내가 제일 좋아하는 가수 ○○이 광고한 거다. 끈을 끼우는 구멍이 양쪽에 5개씩 있다. 누나 운동화는 찍찍이여서 끈을 안 끼워도 된다. 누나가 부럽다.

〈제목: 우리 학교 벤치〉(4학년)

날씨가 좋아서 선생님이 자습 시간에 학교 산책을 하자고 하셨다. 우리는 너무 좋아하며 함께 밖에 나갔다. 선생님은 학교 지도를 주시며 모둠별로 미션을 주셨다. 우리 모둠 미션은 '우리 학교의 벤치를 찾아 지도에 표시하기'였다. 우리는 학교를 한 바퀴 돌며 벤치를 찾아 지도에 표시했다. 다 세어보니 16개가 있었다. 우리 학교에 벤치가 이렇게 많다니! 몰랐는데 정문 주차장 옆쪽에도 벤치가 3개나 있었다. 벤치를 다 찾은 뒤 친구들과 벤치에 앉아 쉬다가 교실로 왔다. 미션을 끝내서 뿌듯했다.

가장 좋은 쓸거리는 자기 자신과 가족, 친구다. 예를 들면 다음과 같다.

- 나와 주변 사람들을 색깔로 표현하기
- 가족의 성격에 맞게 동물로 비유하기

- 친구(엄마)와 내 손 비교하고 글쓰기
- 친구의 얼굴 관찰하고 글쓰기
- 내 신체의 일부(얼굴, 손, 발, 이 등)를 자세히 관찰하고 글쓰기(거울, 돋보기 활용)
- 주변 사람들과 만화, 책, 드라마 속 캐릭터의 비슷한 점, 다른 점 찾기

〈제목: 내 짝 지선이〉(4학년)

지선이 얼굴을 처음으로 자세히 보았다. 지선이는 키가 보통이고 피부가 하얗다. 금색 안경을 썼고 머리는 길다. 눈에 쌍꺼풀이 없고 코밑에 작은 점이 있다. 볼에 상처가 있어서 물어보니 어제 동생이랑 놀다가 부딪쳤다고 한다.

〈제목: 우리 엄마〉(3학년)

우리 엄마는 빨간색이다. 엄마는 화낼 때 무섭기 때문이다. 우리 아빠는 초록색이다. 왜냐하면 아빠는 조용하기 때문이다. 내 동생은 검은색이다. 자기 하고 싶은 대로만 하려고 하고 나한테 떼를 쓰기 때문이다.

쓸거리는 무궁무진하다. 특별한 활동을 하거나 여행을 가지 않아도 쓸거리는 충분히 많다. 하늘도, 바람도 글이 된다. 조금만 생

각을 달리하면 주변의 모든 것이 쓸거리가 된다. 쓸거리가 없어 고민하는 아이들의 생각이 바뀔 수 있도록 다양한 노력을 기울여야 한다.

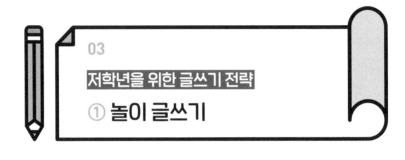

03

① 놀이 글쓰기

초등 교사로 수많은 아이들을 만나면서 느낀 점이 있다. 아이들은 '재미'에 움직인다는 사실이다. 적극적이든 소극적이든 아이들은 저마다 재미있다고 생각하는 것에는 눈이 반짝반짝하며 얼굴에 생기가 돈다. 그렇다면 아이들에게 통하는 재미 요소는 무엇일까? 바로 '놀이(게임)'다. 그래서 아이들 대부분이 지루하고 재미없다고 생각하는 글쓰기가 어쩌면 재미있을 수도 있다는 작은 희망의 씨앗을 심어주기 위해 놀이로써 글쓰기를 실천해봤다.

📦 3행시 짓기

3행시 짓기는 아이들이 처음부터 글쓰기가 아니라 놀이라고 생각한다. 그래서 자칫 장난으로 글을 쓸 수 있는데, 이는 미리 주의를 줘야 한다. 그리고 조건을 제시하면 주제에서 벗어나지 않게 쓸 수 있다. 예를 들어 '스마트폰'으로 4행시를 짓는다면 '스마트폰 사용에 대한 생각이 드러나도록', '스마트폰의 다양한 기능이 드러나도록' 등의 조건을 주면 된다.

〈스마트폰 4행시〉(3학년)

스 마트폰은 나의 친구

마 음대로 할 수 있어 좋아요. 스마

트 폰으로 친구와 연락도 하고 스마트

폰 으로 사진도 찍어요.

〈스마트폰 4행시〉(4학년)

스 마트폰이 나에게 속삭인다, "게임해"

마 음이 흔들린다. 하지만 엄마와

트 러블이 생길 것 같아 꾹 참았다.

폰 아 나를 내버려둬!

3행시 짓기의 주제는 다양하게 가능하다. 계기 교육으로 8월 15일 '광복절', 10월 9일 '한글날' 등을 주제로 제시하면 아이들이 그날의 의미에 대해 다시 한번 생각해볼 수 있을 뿐만 아니라, 그날을 글로 풀어볼 수 있어 글쓰기 연습에도 유익하다. 학교 행사도 주제가 될 수 있는데, '체육 대회', '현장 학습', '졸업식' 등으로 3행시를 짓는 것이다.

〈독도 2행시〉(3학년)

독 도를
도 둑들은 가져갈 자격이 없다.

독 도는 우리땅
도 대체 왜 우기는 거니? 일본아~
　　어느 곳을 봐도 우리 땅인데 말이야!!

〈광복절 3행시〉(4학년)

광 복절은 8월 15일이에요. 많은 사람들의 희생으로
복 을 쌓은 우리나라가 일본에게 나라를 되찾은 기쁜 날이에요.
절 대 이날을 잊지 말아요. 우리!

수업 시간에 배운 내용을 복습할 때 활용해도 된다. 배운 내용 중 핵심어를 골라 제시하고 시를 짓게 한다. 예를 들어 3학년 1학기 과학 시간에 '5단원 지구의 모습'을 배우고 나서 핵심어인 '공기', '지구와 달', '지구 표면' 등을 제시하는 것이다. 아이들은 3행시 짓기를 공부로 생각하기보다는 놀이로 느끼기 때문에 부담 없이 글을 쓴다. 짧은 글을 놀이처럼 써보는 과정에서 자연스럽게 복습이 된다면 글도 쓰고 공부도 하는 일석이조가 아닐까? 단, 3행시를 지을 때는 그 시간에 배운 내용이 담겨야 한다는 점을 강조해야 한다. 그냥 재미로만 쓰게 하면 아이들이 장난으로 쓰는 경우가 많아 복습 효과도 떨어지고, 억지로 문장을 만들어 글쓰기 실력을 쌓는 데도 도움이 되지 않는다.

〈통신 수단 4행시〉(3학년)

통 신 수단이 많이 발전했어요.

신 기술 발달로 생활이 편리해졌지요.

수 ㄱ제, 일, 쇼핑도 스마트폰으로 할 수 있어요.

단 짝 친구와 이야기할 수도 있어요.

〈나침반 3행시〉(3학년)

나 침반은 자석의 성질을 이용한 것이다.

침 의 방향을 보고 N극은 북쪽, S극은 남쪽을 알 수 있다.

반 씩 다른 성질을 가진 것이 신기하다.

3행시를 짓기 위해서는 어휘력이 필수다. 그래서 평소 책을 많이 읽은 아이들이 유리하다. 사실 글쓰기의 기본은 어휘력이기에 글쓰기를 잘하기 위해서는 책 읽기가 기본이 되어야 한다. 책을 읽지 않아 어휘력이 부족한 아이들은 아무리 머리를 굴려도 밑천이 부족하기에 뭔가 나오기가 어렵다. 그리고 무엇보다 피드백이 중요하다. 3행시가 완전한 문장으로 자연스럽게 연결되도록 쓰였는지 반드시 확인하고 조언해줘야 실력이 늘 수 있다. 따로 확인하지 않으면 해당 글자로 시작하는 엉뚱한 내용의 문장을 쓰기 십상이다.

🎲 게임 설명서 쓰기

요즘 아이들은 컴퓨터나 스마트폰 게임을 아주 좋아한다. 쉬는 시간에 삼삼오오 모인 아이들의 대화에서 "오늘 학교 끝나고 게임하자"라는 말이 들린다. 소곤소곤 PC방에 갈 계획을 세우기도 한다. 이것을 글쓰기 소재로 이용하는 방법을 제시하고자 한다. 게임을 좋아하는 아이들이 자신이 한 게임을 소개하거나 게임 방법을 설명하는 글쓰기를 하는 것이다. 아이들에게 자신이 했던 게임을 설명하는 것은 굉장히 흥미로운 주제이자 활동이다.

일단 아이들이 좋아하는 게임을 한다. 몸으로 하는 놀이든, 머리로 하는 게임이든, 체육 시간의 운동 경기든, 핸드폰 게임이든 하라고 한다. 그런 다음 그것을 설명하는 글을 쓰라고 하는데, 이때 조건은 '처음 게임을 하는 친구(동생)에게 설명하기'다. 그래야 자세히 쓰기 위해 노력한다. 아이들은 자신이 아는 것을 글로 표현하면서 어떤 단어로 어떤 이야기를 해야 할지 고민할 것이다. 바꿔 읽고 나서도 풀리지 않는 궁금증을 서로에게 직접 묻는 과정을 거친다면 아이들은 글을 더 자세하고 자연스럽게 고칠 것이다.

〈제목: 카트라이더〉(3학년)

제가 요즘 하고 있는 게임은 카트라이더입니다. 상대편과 자동차 경주를 하는 게임인데 쉽고 재미있습니다. 트랙의 지름길을 잘 알아야 빨리 도착할 수 있고 코너를 돌 때 드리프트와 방향키를 동시에 눌러야 합니다. 게이지를 빨리 채우려면 드리프트해야 합니다.

각자 캐릭터가 있는데 제 캐릭터는 '다오'라는 아이이고 12월 14일생입니다. 열정과 정의감이 가득한 라이더인데 낙관적이고 밝은 성격입니다.

카트라이더는 저희 가족 모두가 함께 즐기는 게임입니다. 가족과 함께 꼭 해보세요.

〈제목: 왕피구〉(4학년)

오늘 체육 시간에 했던 왕피구에 대해 알려드리겠습니다. 평소에 하는 피구와 조금 다른 방식입니다. 먼저 두 팀으로 나눕니다. 각 팀에서 회의를 해서 왕을 한 명씩 정합니다. 왕피구 게임에서는 상대편의 왕만 맞혀서 아웃시키면 이길 수 있습니다. 같은 팀끼리 서로 협동해서 왕이 공을 맞지 않도록 지켜야 합니다. 새로운 피구라 아주 재미있습니다. 평범한 피구가 지겹다면 왕피구를 추천합니다.

아는 것을 글로 표현하기란 쉽지 않다. 아이들은 머릿속의 지식을 글로 쓰는 일이 어렵다는 사실을 깨닫고, 다시 게임을 하면서 이걸 어떻게 표현해야 할지 계속 고민하게 된다. 그러면서 점점 설명하는 기술이 쌓인다. 게임 속의 상황을 상상하며 하나하나 구분해서 설명하는 글을 쓰는 것은 자신의 인지 활동 전반을 살펴보는, 즉 메타인지를 키우는 활동이다. 무의식적으로 하던 행동을 메타인지를 활성화해 분석하고 의미를 부여함으로써 의식적인 행동으로 바꾸는 셈이다.

📖 작가 놀이하기

학교 현장에서 많이 활용하는 방법으로, 아이들이 참 재미있어한다. 불확실성, 예측 불가능성, 의외성이 있는 일일수록 아이들의 반응은 크다. 아이들이 함께 이야기를 꾸며나가는 '작가 놀이'를 소개한다. 모두에게 종이를 하나씩 준다. 그리고 전체 아이들 혹은 모둠 아이들을 순서대로 번호를 매긴다. 그다음에 선생님이 첫 문장을 불러준다.

"운동장에서 승현이와 희원이가 놀고 있었습니다."

이런 식으로 제시해주면 아이들이 이 문장을 쓴 뒤, 다음 내용을 나름대로 이어서 한 문장으로 쓴다. 그런 뒤 1번은 2번에게, 2번은 3번에게 종이를 넘긴다. 자신이 받은 종이의 글을 읽고 자연스럽게 뒷이야기를 꾸며 한 문장으로 쓴다. 또다시 다음 사람에게 넘긴다. 시간은 1분으로 한정한다. 그래야 20명 기준으로 40분 안에 한 바퀴를 돌 수 있다. 단, 미리 약속을 해야 한다. 장난으로 생각해 주인공을 죽이거나 자살하는 이야기로 꾸미는 아이들이 있기 때문이다. 그러면 내용의 질이 떨어질 뿐만 아니라 다음 사람이 뒷이야기를 쓰기 어려워진다. 그런 내용은 절대 금지하기로 미리 약속하면 아이들은 주의해서 잘 쓴다. 뒤로 갈수록 이야기를 끝낼 수 있도록 내용을 조절해야 하며 마지막 아이는 끝맺음을 한다.

아이들의 종이가 가지각색의 이야기로 채워진다. 처음에는 내용이 어색하고 들쑥날쑥 전개되지만 여러 번 반복할수록 그럴듯하고 재미있는 이야기가 된다. 몇 번은 선생님이 첫 문장을 지정해 주지만 익숙해지면 아이들이 첫 문장부터 시작하도록 한다. 아이들은 완성된 자신의 종이가 도착했을 때 그것을 읽으며 하하 호호 즐거워한다. 글쓰기가 지루하지만은 않은 시간이다.

🎁 끝말잇기로 글쓰기 주제 정하기

글쓰기 주제를 부모나 교사가 일방적으로 제시하면 아이들은 별로 흥미를 느끼지 못한다. 그렇다고 아이들에게 자유롭게 정하라고 하자니 쓸 게 없다고 하는 경우가 대부분이다. 그래서 나는 글쓰기 주제 자체를 놀이로 정하는 방법을 사용했다.

모둠 친구들과 끝말잇기를 하는데, 단어 10개 또는 시간 1분으로 한정한다. 주제를 정하는 데 시간을 너무 많이 쓰는 것은 비효율적이기 때문이다. 친구들과 끝말잇기를 해서 나온 단어 중 하나를 글쓰기 주제로 선정하면 된다. 혹은 2~3개를 골라 글쓰기 주제로 정해도 된다. 3학년 아이들을 대상으로 이 방법을 조금 변형시켜 끝말잇기에서 나온 단어 중 3개를 골라 글을 써보기도 했다. 아이들은 전혀 관계없는 단어들을 어떻게 연결할지 고민했고, 저마다 개성 있는 글로 단어들을 엮어냈다.

<끝말잇기로 나온 단어: 자전거, 치타, 바가지>(3학년)
나는 주말에 동생과 자전거를 타고 공원에 갔다. 동생과 빨리 가기 대결을 했는데 내가 빠르게 가니까 동생이 치타 같다고 했다. 공원 놀이터에 바가지처럼 생긴 게 있어서 그걸로 모래 놀이를 했다. 재미있는 하루였다.

끝말잇기는 초등 저학년 아이들이 쉽게 할 수 있는 놀이다. 글쓰기 주제를 놀이로 정하면 재미있을 뿐만 아니라 주제에 대해 따로 고민하지 않아도 되니 활용하면 좋을 것이다. 집에서 부모님, 형제자매와도 충분히 할 수 있다.

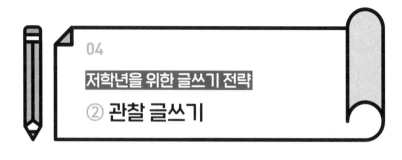

04

저학년을 위한 글쓰기 전략
② 관찰 글쓰기

수업 시간에 예습 차원에서 교과서를 미리 읽으라고 시간을 줄 때가 있다. 그러면 아이들은 각자 교과서를 읽고, 그다음에 잘 읽었는지 확인하고자 몇 개의 문제를 낸다. 어떤 아이는 자신이 읽은 곳에서 문제가 나왔다며 반가워서 대답하는 반면, 또 다른 아이는 그런 내용이 대체 어디 있었냐며 교과서를 뒤적이고 친구에게 묻는다.

교과서에는 주요 본문이 가운데에 배치되어 있고, 양옆에 단어의 뜻이나 참고할 내용이 쓰여 있다. 그리고 사진이나 그림 자료 주변에도 설명이 있다. 같은 시간 동안 교과서를 봐도 어떤 아이들은 본문 주변의 세세한 부분까지 살피는 반면, 또 다른 아이들은 본문만 대충 읽고 넘어간다. 이것을 나는 '관찰력'의 차이라고 생각한다. 아이들에게 관찰력은 곧 공부 실력이나 다름없다.

공부할 때 관찰력은 아주 큰 무기다. 대상을 한쪽 면만 보는 것이 아니라 다양한 면에서 자세히 관찰해 스스로 정보를 수집할 수 있는 능력이 있으면 자기 주도 학습에도 유리하다. 그리고 세세하게 관찰하면 대상에 대한 호기심과 흥미가 유발되어 깊이 있는 연구가 가능해진다. 또한 관찰의 경험들이 집중력을 길러주기도 한다. 한마디로 공부에 필요한 조건들을 관찰로써 갖춰나갈 수 있다. 하지만 관찰만으로는 한계가 있다. 관찰한 것을 글과 그림으로 정리할 때 관찰의 효과가 배가된다. 관찰 내용을 구조화해서 순서에 맞게 글로 쓰는 일은 지식을 머릿속에 확실히 자리매김시킨다. 그리고 정보를 정리하고 편집해서 표현하는 일련의 과정은 사고력을 키우는 데 도움이 된다.

관찰과 표현의 전 과정은 메타인지를 키우는 좋은 방법이다. 대상을 관찰해서 글로 쓰려면 오감으로 받아들인 정보를 분석하고 적절한 언어를 선택해야 한다. 관찰의 기본은 객관성이다. 대상을 객관적인 시선으로 다양한 면에서 살펴볼 줄 알아야 한다. 객관성은 메타인지의 요소 중 하나로, 관찰 글쓰기는 메타인지를 발달시키는 데 굉장히 효과적이라 할 수 있다. 이런 생각에서 출발해 아이들과 관찰 글쓰기를 했다. 관찰의 주제는 다양하다. 주변의 모든 것이 관찰의 대상이다.

🔖 학용품 관찰 글쓰기

지금 책상 위에 있는 연필이나 지우개, 필통을 관찰하고 글로 써 본다. 익숙한 물건을 새롭게 보는 과정이 관찰이다. 아이들은 그냥 무심코 사용하던 연필과 지우개를 처음으로 자세히 살펴봤다며 신기해했다. 모양이 어떤지 살펴봤고 자로 길이를 재보기도 했다. 다른 학용품과 비교해서 특징을 쓰기도 했고 연필이나 지우개에 어떤 글자가 쓰였는지도 썼다. 한번 글로 쓴 대상은 많이 살펴보고 만져봐서인지 애착이 가는 모양이었다. 이후에도 연필의 길이가 짧아지거나 지우개의 크기가 작아지는 등의 변화에도 관심을 가졌다.

> <제목: 스마트폰 관찰>(2학년)
> 내 스마트폰은 네모 모양이고 하얀색이다. 스마트폰에는 동그란 거치대가 달려 있고 투명 케이스가 끼워져 있다.

〈제목: 내 지우개〉(3학년)

내 지우개는 사각형이고 크기가 크다. 자로 재보니 3cm다. 손으로 만져 보니 딱딱하다. 지우개 색깔은 하얀색인데 내가 어제 많이 지워서인지 끝이 검은색이다. 파란색 종이로 싸여 있는데 조금 찢어졌다.

〈제목: 병뚜껑 관찰〉(3학년)

집에서 사이다를 먹고 나서 병뚜껑을 봤다. 동그란 모양인데 들어갔다 나왔다 울퉁불퉁 파여 있어서 만져보면 딱딱하고 아프다. 얼마 전 텔레비전에서 봤던 게 생각나 세어보니 21개였다. 병뚜껑은 음료수를 보호하기 위해 21개의 주름을 가지고 있다고 한다. 위에는 ○○사이다라고 쓰여 있고 안에는 푸른색인데 아무것도 안 쓰여 있다.

관찰 글쓰기는 고학년에게도 유익하다. 무심코 지나치던 물건에 관심을 갖고 살펴보는 습관이 생긴다. 이런 관찰 습관은 메타인지를 키워 교과서를 보거나 책을 읽을 때 그 효과를 배가시킨다. 사소한 정보도 놓치지 않고 눈여겨볼 줄 아는 관찰력과 이를 분석할 수 있는 메타인지의 발달은 공부 효과를 한층 더 높여줄 것이다.

🎁 자기 얼굴 관찰 글쓰기

자기 얼굴에 자신이 없는 아이들이 많다. 내가 볼 땐 너무 예쁘고 잘생겼는데도 자신은 못생겼다며 별로라고 생각하기도 한다. 하지만 정작 자기 얼굴을 자세히 살펴본 아이들은 많지 않다. 그러므로 자기 얼굴 관찰을 주제로 글을 써보면 좋다.

거울을 준비해 얼굴을 이마부터 턱까지 아주 자세히 살펴본다. 눈의 모양은 어떤지, 좌우가 어떻게 다른지, 쌍꺼풀은 있는지, 입술의 모양과 색깔은 어떤지, 웃을 때 주름은 어느 방향으로 생기는지, 점은 몇 개인지, 코뼈의 굴곡은 있는지 등 세세하게 관찰해서 쓸 수 있도록 옆에서 질문을 해주면 좋다. 관찰하면서 쓰다가 막혔을 때 하나씩 질문하면 그에 대한 답을 찾기 위해 다시 관찰해서 쓰게 된다. 아이들은 글을 쓰며 처음으로 자기 얼굴을 꼼꼼히 살핀다. 자기 얼굴을 자세히 관찰하고 나면 가족의 얼굴도 자세히 살피게 될 것이다. 그때는 가족의 얼굴을 소재로 함께 관찰 글쓰기를 해보면 어떨까?

〈제목: 내 얼굴〉(2학년)

내 얼굴은 동그랗고 색깔은 연한 살색이다. 내 표정은 무표정이다. 내 눈은 동그랗다. 코는 옆에서 봤을 때 길쭉하다. 입은 도톰하고 점은 볼 옆에 있다.

〈제목: 내 얼굴〉(3학년)

얼굴 모양은 타원형이고 색깔은 살구색에 가깝다. 쌍꺼풀이 없는 중간 눈이다. 코는 오뚝하고 입은 작다. 얼굴에 점은 없다. 옆에서 보면 잘생긴 것 같다. 그리고 웃는 얼굴이 정말 예쁘다. 인상을 쓰거나 찡그린 표정을 해봤는데 보기 싫다.

〈제목: 내 얼굴〉(3학년)

내 얼굴 모양은 둥근달 모양이다. 얼굴색은 뽀얗고 눈은 반달처럼 생겼다. 코는 꼬깔콘처럼 생겼고 입은 산처럼 뾰족하다. 내 얼굴 점은 왼쪽 귀 아래 하나, 턱 밑에 하나 있다. 화장실에 있는 큰 거울과 작은 거울로 내 옆모습을 처음 보았는데 다른 사람 얼굴 같았다. 코가 뾰족하게 나와 있다.

〈제목: 내 동생 얼굴〉(2학년)

내 동생 얼굴은 통통하고 말랑말랑하다. 내 동생은 눈이 예쁘다. 눈이 크고 동그랗다. 앞니가 빠져 웃을 때 잇몸이 보여서 재미있다. 코밑에는 점이 있고 눈 밑에는 어제 문에 긁힌 상처가 있다.

〈제목: 아빠 얼굴〉(4학년)

아빠가 주무실 때 아빠를 관찰했다. 우리 아빠는 턱에 수염이 많아서 만지면 꺼칠꺼칠하다. 아빠 얼굴에는 구멍이 많다. 잘 때 콧구멍이 커졌다 작아졌다 한다. 아빠 얼굴색은 어두운 편이다. 아빠가 낚시를 좋아해서 주말마다 갔는데 얼굴이 많이 탔나 보다. 아빠 얼굴을 이렇게 자세히 본 적이 없는데 아빠가 많이 피곤해 보이고 주름도 많아 보였다. 아빠가 우리를 위해 일하시는데 감사해야겠다.

🗄 신체 일부 관찰 글쓰기

자신의 신체 일부를 자세히 관찰하고 글을 쓰는 것은 자신의 몸에 대해 이해할 수 있어 좋은 글감이 된다. 한창 자라나는 아이들의 호기심을 채워줄 수 있다는 점에서도 적합하다. 우리는 매일 이를 닦으면서도 이가 위아래로 몇 개인지, 어떤 모양인지, 어떤 색깔인지 자세히 관찰하지 않는다. 그런데 신체의 일부를 관찰하고 글을 쓰면 평소에 몰랐던 신체의 정보를 얻을 수 있어 아이들이 신기해한다. 또 몸에 조금 더 관심을 갖게 되며, 글감도 풍부해진다.

조금 더 쉽게 쓰도록 하려면 역시 몇 가지 질문을 하면 된다. 그러면 생각의 방향을 정할 수 있어 아이들의 글쓰기가 더 편해진다.

게다가 질문의 순서가 글로 쓰는 순서가 되기도 해서 자연스럽게 글을 쓰는 데 도움이 된다. 예를 들어 손을 주제로 글을 쓸 때 "손의 길이나 모양, 색깔은 어떤가요?", "내 손을 보니 어떤 생각이 드나요?", "손가락 끝과 손바닥은 내장과 연결되어 있다는데, 내 건강이 어떤지 확인해보세요" 등의 질문을 하면 아이들이 관찰도 하고 자료도 찾아보면서 글을 수월하게 써내려간다. 그리고 내 손을 관찰해서 글로 쓴 다음에는 가족들의 손을 관찰하고 비교해서 쓰는 것도 재미있어한다.

〈제목: 내 손과 아빠 손 살펴보기〉(2학년)

아빠 손은 나보다 크고 길며 주름도 있다. 그리고 힘줄도 보이고 손톱도 크다. 내 손은 아빠 손보다 작고 예쁘다. 아빠 손을 보니 아빠가 회사에서 일을 많이 하셔서 못생겨진 것 같아 마음이 안 좋았다.

〈제목: 형 손 관찰〉(3학년)

형아 손과 내 손을 비교했다. 형아 손과 내 손을 자세히 보면 형아 손금과 내 손금이 다르다. 또 형의 손마디 사이 너비가 내 손마디 너비보다 넓다. 그리고 크기와 길이도 다르다. 실험해보려고 우리 둘이 손가락을 스탬프 잉크에 묻혀서 종이에 찍어보았는데 신기하게 지문이 달랐다. 내 손과 형 손을 자세히 본 적이 없었는데 재미있었다.

<제목: 동생과 손 비교>(4학년)

내 동생은 3살이다. 내 동생과 손을 대보았는데 내 손의 반 정도였다. 동생 손은 통통하고 내 손보다 하얗다. 동생 손톱을 만져보니 나보다 얇은 것 같았다. 지난주에 자른 것 같은데 벌써 길어졌다. 손바닥은 땀이 났는지 끈끈하다. 그리고 새끼손가락과 손바닥이 만나는 곳에 점이 있다. 평소에는 점이 있는지 몰랐는데 오늘 발견해서 신기했다.

그림 관찰 글쓰기

글쓰기는 주제를 가까이에서 찾아야 쉽게 접근할 수 있고 꾸준히 해나갈 수 있다. 그림을 활용한 글쓰기라고 해서 명화나 유명한 건축물 사진을 보여주기 위해 노력하는 것은 좋지만, 그 노력마저 부모에게는 귀찮고 힘든 일일 수 있다. 그래서 나는 교과서 그림의 활용을 추천한다.

대학 시절 실과 교육 시간에 실과 교과서를 분석하는 과제를 한 적이 있다. 살면서 실과 교과서를 이토록 자세히 볼 수 있을까 싶을 정도로 보고 또 보면서 그림을 보게 되었는데, 생각보다 많은 것을 관찰할 수 있었다. 내가 관찰자의 위치가 되어 그림을 보니 정보를 잘 표현하지 못하는 그림도 있었고 실제와 다른 그림도 있었다. 가장 중요한 것은 관찰자로서 그림을 보는 객관적인 안목이 생겼다는 점이다. 그리고 다른 교과서 그림을 볼 때 자세히 보는 습관도 생겼다. 관찰과 분석을 기반으로 하는 메타인지가 실과 교과서 그림을 보고 생각하는 과정에서 단련되고, 다른 장면의 관찰로도 전이가 된 셈이었다. 그림은 관찰 대상으로써 충분한 재미가 있기에 메타인지를 키우는 글쓰기의 소재로 매우 유용하다. 물론 교과서 외에 집에 있는 그림책이나 다른 어떤 책을 활용해도 좋다.

그림 속 등장인물은 몇 명인지, 동물이 있다면 어떤 동물이 몇 마리인지, 전체적으로 어떤 색깔이 많이 쓰였는지, 표정이 어때 보이는지, 전체적인 느낌이 어떠한지, 사람에게 말풍선을 단다면 어떤 말을 쓸지, 어떤 생각을 할지 등 질문을 하나씩 하면서 아이들이 자세히 관찰하고 글로 쓸 수 있도록 유도한다. 어른이 보지 못하는 부분도 아이들은 자세히 관찰하고 재미있게 글로 표현한다. 같은 그림을 봐도 아이들은 저마다 다른 글을 쓴다.

〈『꼬질꼬질 폭신폭신 요술쟁이 의자』 중 일부 그림 관찰 글쓰기〉

- 사자 밑에 아기 두 명이 웃고 있다. 그리고 사자, 코끼리 사이에 해적이 있다. 한 소녀가 의자에 앉아서 도마뱀을 만지고 있다. 그리고 생쥐가 부채를 들고 있다. (2학년)
- 사자는 모자를 쓰고 해맑게 웃고 있다. 사자의 오른쪽에 할아버지가

있다. 코끼리 코에는 반지가 있다. 택시 안에 사람이 웃으면서 운전을 한다. 소파에는 여자아이가 도롱뇽을 안고 앉아 있다. 그 옆에는 뱀 두 마리가 사이좋게 있다. (2학년)

- 사자랑 코끼리 사이에 땡땡이 모자를 쓰고 수염이 긴 해적이 있다. 그리고 해적 앞에 동그란 거미가 신발을 신고 있다. 돼지 저금통에 동전이 들어가고 있다. 쥐가 공작 무늬가 있는 부채를 들고 있다. (3학년)

- 갈기가 빠글빠글한 사자가 있다. 그 아래에는 아기 두 명이 있다. 그 옆에 그릇에 올라가 있는 거미가 있다. 코끼리 두 마리가 있는데 코끼리 코에는 새가 한 마리 있다. 오른쪽에 뱀 두 마리 중에 한 마리는 알록달록하고 다른 한 마리는 무늬가 없다. 그 옆에는 꽃무늬 의자에 앉아 있는 단발에 핀을 꽂은 소녀가 도마뱀을 안고 있다. 그리고 그 옆에는 피에로가 날아다니고 있다. (3학년)

그런가 하면 그림을 관찰하고 이야기로 꾸미는 활동도 재미있어한다.

〈김득신의 그림 '야묘도추野猫盜雛' 관찰하고 이야기 꾸미기〉(3학년)
햇살이 비치는 봄날 점심시간에 부인은 부엌에서 점심밥을 만들고 있고, 닭과 병아리들은 아저씨가 준 먹이를 쪼아 먹고 있다. 아저씨는 담배를

뻐끔뻐끔 피면서 돗자리 틀에 돗자리를 만들고 있다. 한가로운 오후 갑자기 동네 도둑고양이가 통통한 병아리를 물고 갔다. 깜짝 놀란 병아리들은 도망치고 닭은 소리를 쳤고, 아저씨는 담뱃대로 고양이를 잡으려고 했다. 부인은 그 소리에 놀라 뛰어나왔다. 아저씨는 넘어져서 우당탕탕 소리가 났다. 마당은 엉망진창이 되었다.

식물, 동물, 자연의 변화 관찰 글쓰기

관찰 대상을 동적인 것으로 확대하는 방법도 좋다. 특히 아이들은 살아 있는 식물이나 동물, 그리고 자연의 변화를 신기해한다. 살아 있는 대상은 매일매일, 또 시시각각 변하므로 관찰하는 재미가 있다. 평소에 무심코 지나쳤던 베란다나 교실 창가의 식물을 관찰하는 일, 매일 보는 애완동물을 관찰하는 일은 아이들에게 동식물에 대한 관심과 사랑을 가질 기회를 준다. 관찰하는 과정에서 그동안 몰랐던 부분을 알게 되고 더 자세히 볼 수 있다.

특히 과학 교과와 관련지어 관찰하면 학습 효과를 높일 수 있다. 매일 신경 써서 물을 줬을 때 식물의 변화, 깜박 잊고 물을 안 줬을 때 식물의 상태, A 사료를 먹였을 때 애완동물의 반응, 열매가 맺히는 시기, 같은 달팽이라도 시간이 지남에 따른 성장의 차이 등을 아이들은 실제 경험으로 얻은 정보를 축적하면서 깊이 있게 관찰하게 된다. 이처럼 관찰해서 얻은 정보는 외워서, 혹은 선생님에게 들어서 알게 된 정보와는 깊이가 다르다. 경험을 통해 알아낸 것이기에 장기 기억으로 쉽게 이동한다. 그리고 장기 기억에 있는 정보를 글로써 인출하는 활동은 정보 출력의 속도를 높여 학습의 효과도 높일 수 있다.

〈제목: 식물 관찰〉(4학년)

4/7 식물에 하얀 꽃이 5개 피었다. 잎도 40개 정도 있는데 손바닥처럼 펴져 있다. 식물의 키는 작아서 내 손가락만큼 되는 것 같다. 줄기에 털이 엄청 많다.

4/11 식물에 하얀 꽃이 5개 정도 더 피었다. 하얀 꽃이 2개 떨어지고 거기에서 열매 같은 게 생기고 있다. 열매에 털이 많고 점처럼 다닥다닥 뭔가가 있다. 나머지 꽃들도 꽃잎이 떨어지려고 한다.

4/14 열매가 점점 커졌는데 딸기와 비슷한 모양이다. 씨가 다닥다닥 붙어 있는데 징그럽다. 아직 열매가 하얀색이다. 1개가 빨갛게 변하려고 한다. 신기하다.

4/19 빨갛게 딸기가 5개 열렸다. 크기가 꽤 커져서 진짜 딸기 같다. 가게에서 사는 딸기보다 크기가 작은데 얼마나 커질지 궁금하다. 키가 많이 커서 줄기가 옆으로 축 늘어졌다.

관찰하고 글을 쓰면서 아이들은 많이 변했다. 세상에 대해 관심을 갖고 질문하기 시작했다. 모를 때는 보이지 않던 것들이 관찰하니 보이기 시작하고 궁금해진 것이다. 작은 것도 그냥 흘려버리지 않고 주의 깊게 살피는 모습이 보였다. 관찰하는 습관은 2개가 아닌 5개의 눈을 갖는 것과 같다. 그리고 이를 글로써 남기는 일은 뇌 이외의 지식 창고를 하나 더 갖는 효과가 있다. 특히 호기심 많은 저학년은 관찰을 시작할 최적의 시기다. 저학년에서 탄탄히 다져진 관찰 실력은 대상에 대해 관심을 갖고 끊임없이 묻고 답하는 아이로 자라게 한다. 그리고 이는 아이가 스스로 공부를 해나갈 동력이 된다. 대상을 정확히 인지하고 내가 모르는 것을 구분해 궁금한 점을 질문하고 그에 대한 답을 찾는 일, 이것이 바로 메타인지를 통한 진짜 공부다. 관찰로 공부의 기반을 다질 수 있는 셈이다. 고학년까지 꾸준히 관찰을 한다면 세상을 보는 시선이 달라질 것이다. 그리고 아이들이 관찰하고 글 쓰는 습관을 동시에 들인다면 세상 곳곳을 연결 짓는 통찰력까지 기를 수 있을 것이다.

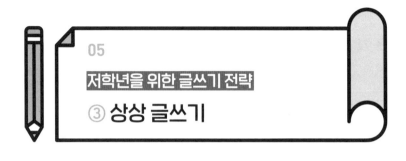

저학년을 위한 글쓰기 전략
③ 상상 글쓰기

"어른들도 때로는 혼자만의 공간, 마음을 쉴 수 있는 공간이 필
요하듯 아이 마음에도 감정이 숨을 수 있는 공간이 필요한 것 같아
요. 상상은 아이가 자신의 감정을 숨기기도 하고, 쉬게도 하는 마
음속 숨은 공간인 셈이죠."

그림책『괜찮아』를 쓰고 그린 최숙희 작가가 인터뷰에서 한 말
이다. 아이들의 마음이 정말 이렇다. 어른들이 오랜 기간 사회화되
면서 틀에 박힌 생각에서 벗어나지 못하고 당연한 것, 익숙한 것,
그래야만 하는 것에 주목하는 동안 아이들은 새로운 것, 기발한

것, 엉뚱한 것에 주목한다. 아이들의 상상력은 어른을 뛰어넘는다. 그리고 아이들은 상상하는 동안 입가에 웃음을 머금는다.

아이들에게는 상상할 시간이 필요하다. 상상하는 동안 생각하는 힘인 메타인지가 활성화된다. 뭐든 상상을 하려면 일단 멈춰서 대상에 대해 다양한 방향으로 생각해봐야 한다. 공상이 아닌 상상을 하기 위해 아이들은 앞뒤 맥락을 생각해서 실생활과 관련지어보기도 한다. 꼬리에 꼬리를 물며 상상하는 동안 아이들의 생각이 확장된다. 일상의 것이 더 이상 평범하지 않은 특별한 것으로 변하기도 한다.

아이들이 상상한 것을 글로 쓴다면 그 내용은 더욱 구체화될 것이다. 안개처럼 일어난 생각들이 글로써 구체화되면 그 생각들은 단단하게 뭉쳐져 아이들에게 목표가 되고 희망이 되며 의지가 될 것이다. 더불어 다른 사람의 입장이 되어보는 상상을 통해 누군가의 마음을 이해하는 공감 능력을 높일 수도 있다. 내가 아닌 누군가의 입장이 되어보는 자기 객관화는 메타인지의 발달을 돕는다. 이처럼 여러 가지 이유로 아이들에게 마음껏 상상하고 이를 글로 쓸 기회를 많이 줘야 한다.

학교에서는 도덕이나 국어 시간에 많이 활용하는 글쓰기 방법이다. 그리고 책을 읽고 나서 독후 활동으로도 많이 활용한다. 책 속의 등장인물 중 하나가 되었다고 생각하고 어떤 기분일지 글로 써보는 것이다. 주인공의 입장에서 주로 글이 쓰여 있으니 상대방의 입장이 되어 글을 써보면 다양한 감정을 경험할 수 있어 좋다. 내가 ○○라면 친구가 놀렸을 때 어떤 마음이었을지, 내가 엄마라면 어려운 형편 때문에 아이를 두고 지방으로 갈 때 어떤 마음이었을지, 주인에게 미움받는 ○○는 어떤 마음이었을지 등을 상상하다 보면 내가 아닌 다른 사람의 마음을 깊이 공감하고 이해할 수 있다. 이런 경험이 켜켜이 쌓이면 아이들은 훨씬 배려심과 이해심이 많게 변할 것이다.

인터넷과 스마트폰 문화에 대해 지도하면서 이 방법을 활용했는데 효과가 좋았다. 요즘 아이들 사이에서는 SNS 프로필로 사이가 좋지 않은 친구를 비방하거나 단체 채팅방에서 친구를 소외시켜 비난하는 경우가 꽤 있다. 그리고 인터넷의 악성 댓글로 고통을 받는 연예인들도 많다. 이때 입장을 바꿔 내가 그 사람이라면 어떤 마음일지를 상상해서 글을 쓰는 것은 아이들의 인성 지도와 글쓰기 교육 모두에 좋은 방법이다.

〈제목: 내가 수영이라면〉(3학년)

내가 수영이라면 우리가 복도에서 귓속말하는 것을 보고 많이 속상했을 것 같다. 나도 친구들이 귓속말하고 있으면 나를 욕하는 것 같아 기분이 안 좋았었는데 그때 생각이 났다. 친구가 오해할 수 있는 행동은 하지 않아야겠다고 생각했다. 수영아 미안해.

〈제목: 내가 가수 ○○였으면…〉(4학년)

자신을 비방하는 사람들의 악플을 보고 괴로워하다가 자살까지 하게 된 가수 ○○의 소식을 들었다. 누군가 내 사진과 글에 안 좋은 댓글을 달고 욕을 하면 어떤 기분일까 생각해보았다. 엄마한테 조금만 혼나도 기분이 안 좋은데 많은 사람한테 그런 나쁜 말을 들으면 억울하고 많이 슬펐을 것 같다. 나는 절대 누군가에게 일부러 나쁜 댓글을 달지 않을 것이다.

〈제목: 내가 문방구 아줌마였다면〉(4학년)

만약 내가 문방구 아줌마였다면 닉이 "프린들 주세요"라고 말할 때 당황스럽고 놀랐을 것 같다. 프린들이라는 단어는 없기 때문이다. 나는 무슨 말인지 못 알아듣고 이상한 말을 하는 닉과 아이들을 혼내줬을 것이다. 자꾸 장난치면 아줌마가 가게를 운영하는 데 피해가 될 것 같다.

사회성을 기르는 데 가장 중요한 것은 공감 능력이다. 상대방의 입장에서 생각해보고 글로 써보는 활동은 아이의 마음을 건강하게 하는 데 도움이 될 것이다.

📘 책 속 인물 바꿔보기

전혀 연결해보지 않은 것을 연결해보는 데서 상상은 시작된다. 아이들은 한 이야기의 인물이 다른 이야기에 등장할 수 있다는 생각을 하지 못한다. 이러한 의외성을 이용해 엉뚱한 상상을 하도록 글쓰기 주제를 내준다. 예를 들어 흥부전의 놀부를 심청전에, 장화홍련을 토끼전에 등장시키는 것이다. 아이들은 예상 밖의 조합에 일단 흥미로워한다. 그 인물의 성격이 어떤지 생각해보고 이야기 속에서 어떤 말과 행동을 할지 상상해보게 한다. 한 인물만 추가해도 익히 아는 이야기가 전혀 다른 새로운 이야기로 바뀐다. 아이들은 평소보다 훨씬 길고 빠르게 이야기를 상상해서 적어내려간다. 재미를 느끼기 때문에 글쓰기에 속도가 붙는 것이다. 글쓰기에 흥미가 없는 아이들에게는 이런 엉뚱한 상상으로 글 쓰는 활동이 큰 도움이 된다.

최근에 읽은 책에서 인물을 바꿔도 되고 이전에 읽은 책에서 인물을 가져와 최근에 읽은 책 속에 넣어도 된다. 나는 학교에서 국어 교과서 지문에 나온 이야기로 상상하는 활동을 자주 한다. 2개 이상의 글 속에서 인물을 분리해 서로 교환하거나 추가하는 등의 상상을 하면서 아이들은 인물의 성격을 정확히 파악하고, 이야기의 맥락을 고려해 자연스럽게 꾸며 쓴다. 그러려면 단순히 새로운 이야기를 꾸미는 것을 넘어선 더 고차원적인 사고 과정, 즉 메타인지가 필요하다. 아이들은 재미있게 상상하면서 메타인지까지 사용하게 된다. 아이들과 함께 상상해서 다양한 이야기를 나눈 뒤 글을 쓰면 내용이 더 풍성해진다. 여기서 주의할 점은 기존의 이야기를 읽고 완전히 이해한 뒤 인물 바꿔보기를 해야 한다는 것이다. 그렇지 않으면 자칫 흥미 위주로만 흘러 원래의 이야기를 기억하지 못할 수도 있기 때문이다.

<제목: 의좋은 형제와 놀부> (2학년)

사이좋은 형제가 볏단을 옮기고 있을 때 지나가던 놀부가 그 모습을 보게 되었어요. 놀부는 흥부에게 미안해졌어요. 그래서 다음 날 흥부에게 곡식과 보석을 나누어 주었고 둘은 행복하게 살았어요.

→ 2학년 2학기 국어-가 교과서 중 '의좋은 형제'를 읽고 썼다.

〈제목: 거북이를 이긴 토끼〉(3학년)

거북이가 토끼를 이기기 위해 열심히 기어가다가 나무 아래에서 노래하던 베짱이를 만났다. 베짱이 노래가 너무 좋아서 듣다가 거북이는 잠이 들었다. 결국 토끼가 거북이를 이겼다.

→ '토끼와 거북이'에 '개미와 베짱이'의 베짱이를 등장시켰다.

〈제목: 종이봉지 공주〉(4학년)

용이 살고 있는 동굴에는 백설공주의 마녀가 살고 있었다. 마녀는 거울에게 "거울아 거울아 이 세상에서 누가 제일 예쁘지?"라고 물었는데 거울이 종이봉지 공주라고 했다. 화가 난 마녀는 용을 보냈는데 종이봉지 공주가 용의 힘이 빠지게 여러 가지를 시켰다. 용의 힘이 빠지자 마녀가 나타나 공주를 공격했다. 종이봉지 공주는 용감하게 싸워서 이겼다.

→ '종이봉지 공주'에 '백설공주'의 마녀를 등장시켰다.

의외의 것들을 연결하는 과정에서 아이들의 상상력이 싹튼다. 비단 저학년에만 국한되는 것이 아니라 고학년에게도 재미있는 글쓰기 주제가 될 수 있으니 활용하면 좋다.

📚 그림책 새로 쓰기

유아부터 초등학생까지 두루 활용할 수 있는 책이 그림책이다. 그림책은 어린아이들이 읽기에 적합해 보이지만 생각보다 심오한 뜻을 담고 있는 경우도 많아 어른에게 교훈을 주기도 한다. 이런 그림책을 글쓰기에 활용할 수 있다.

짧은 글밥의 그림책을 선정한다. 그리고 그림책의 글 위에 포스트잇을 붙여서 가린다. 그림을 보면서 아이들이 거기에 어울리는 글을 상상해서 쓰도록 한다. 이야기가 자연스럽게 흘러가도록 하기 위해 처음부터 끝까지 그림을 찬찬히 살펴보며 상상할 수 있는 시간을 준다. 같은 책으로 해도 이야기가 다양하게 만들어진다. 같은 그림을 봐도 상상하는 내용의 크기가 각자 다르기 때문이다. 아이들은 새롭게 쓰인 그림책의 글을 보면서 서로에게 배운다. 점수를 매기진 않지만 조금 더 자연스러운 글, 완벽한 문장의 글과 자신의 것을 비교하고 고치면서 성장해가는 것이다. 마치 작가가 된 것처럼 아이들이 재미있게 하는 활동 중 하나다.

아이들이 『나는 자라요』를 읽고 내용을 바꿔 다시 만든 그림책이다.

📦 타임머신을 타고 과거로

보통 상상이라고 하면 미래를 생각한다. 커서 어떤 직업을 가질지, 어떤 어른으로 성장할지, 과학은 어떤 모습일지, 교과서는 어떻게 변할지 등 미래에 대한 생각만을 상상으로 여기곤 한다. 하지만 과거를 상상하는 것도 엄연한 '상상'이다.

아이에게 어린 시절 사진을 하나 꺼내준다. 사진을 보며 그때 무슨 일이 있었는지, 사진 속 어린 나와 사람들이 어떤 생각을 하고 있는지 상상해서 써보면 된다. 아이들은 기억나지 않는 어린 시절의 이야기를 쓰며 부모님의 따뜻한 사랑을 떠올리기도 하고, 아무것도 모르는 아기로서의 자신을 마음껏 상상한다. 이것을 계기로 그 시절의 이야기를 부모님에게 듣는 대화의 시간으로 이어진다면 더없이 좋을 것이다.

〈제목: 돌 촬영 사진 보기〉(2학년)

엄마가 돌 촬영할 때 사진을 보여주셨다. 기억이 잘 나지 않지만 엄마 무릎에 앉아 웃으며 만세를 하고 있다. 엄마가 더울 때 찍어서 많이 힘들었다고 하셨다. 그리고 어릴 때 똘망똘망 귀여웠다고 말씀해주셨다.

〈제목: 추억 속으로〉(3학년)

오늘 어릴 적 사진 한 장을 보았다. 사진 속에는 엄마 아빠가 사주신 세발자전거를 타는 다섯 살 쯤의 내가 있었다. 세발자전거를 샀을 때 기분이 날아갈 듯 좋았다. 힘차게 페달을 처음 밟을 때 신기하고 재미있었다.

〈제목: 어릴 적 사진〉(3학년)

친구 지윤이랑 유치원 때 쿠킹 요리 교실에 갔던 사진을 보았다. 과자로 만든 화분에 초콜릿으로 만든 모래와 지렁이 젤리로 예쁜 화분이 완성되었다. 우리는 쿠키를 다 만들고 놀이방에서 재미있게 놀았던 기억이 난다. 지윤이를 만나 이 사진을 보여주고 싶다.

상상은 변화의 힘이다. 상상하지 않으면 꿈을 꿀 수 없고 이루지도 못한다. 아이들은 상상 글쓰기를 하면서 자유롭게 상상하고 표현하며 행복감을 느끼고 스스로 성장해나갈 것이다.

글쓰기 소재를 찾는 방법

매일 짧은 글을 꾸준히 쓰는 것은 좋은 글쓰기 연습이 된다. 이때 언제나 고민은 '대체 뭘 써야 할지'다. 글쓰기 소재를 찾는 것이 문제다. 글쓰기 소재를 찾는 몇 가지 방법을 소개한다.

1. 일상에서 찾기

글쓰기 소재는 억지로 찾기보다는 주변에서 찾아야 내 이야기, 내 생각을 쓸 수 있다. 주변의 이야기로 가장 좋은 소재는 아이가 오늘 경험한 일상이다. 아이에게 오늘 무슨 일이 있었는지, 어떤 생각을 했는지, 기분이 어땠는지 묻고 대화하면서 자연스럽게 소재를 찾게 한다. 그리고 오늘 학교에서 배운 내용을 떠올리며 쓸거리를 찾는 것도 좋은 방법이다. 복습 효과, 글로 정리하는 능력 키우기를 둘 다 잡을 수 있다.

2. 끝말잇기로 찾기

소재가 부족하다면 부모님이나 형제자매와 끝말잇기로 정하는 방법도 있다. 오늘 '벚꽃 구경'에 대해 글을 썼다면 다음 날 쓸 주제를

'경'으로 시작하는 낱말에서 찾아보는 것이다. '경복궁', '경주', '경험', '경치', '경쟁' 등 단어들을 생각해보고, 그중 하나를 골라 끝말을 잇는 다. 고른 단어를 주제로 삼아서 글을 쓰면 된다. 여러 가지 단어 중에서 글로 쓸 주제를 정하는 과정도 단순하지만 메타인지를 키우는 방법이다. 경험과 지식을 활용할 수 있는 단어를 선별하는 일에도 고치원적인 인지 과정이 필요하기 때문이다.

3. 국어사전과 신문 기사에서 찾기

국어사전이 있다면 아이와 함께 아무 쪽이나 펼친 뒤, 그곳에서 글쓰기 주제를 찾을 수도 있다. 펼쳐진 쪽에서 어떤 단어를 주제로 고를지 찾으면서 생소한 단어를 눈에 익힐 수 있고, 글로 쓰기 위해 그 단어에 대해 깊이 생각해보게 된다. 평소에 잘 쓰지 않는 단어, 애매하게 뜻을 아는 단어로 어떻게 글을 쓸지 아이디어를 내는 과정에서 아이들은 생각하는 힘을 기르게 된다. 그리고 자신의 경험을 분석하고 단어와 연결하며 메타인지를 발휘하게 된다.

신문을 보며 아이와 함께 글쓰기 주제를 찾는 것도 좋은 방법이다. 헤드라인을 살펴 관심 있는 기사를 골라 읽어보고 그것에 대한 생각을 써보는 방식이다. 매일 새로운 기사가 쏟아지기 때문에 글쓰기 소

재에 대한 고민을 충분히 해결할 수 있다. 그리고 최신 소식을 신문 기사로 접하면서 세상을 보는 안목을 갖게 되는데, 이 또한 삶의 메타 인지로써 작동하게 된다. 모든 것은 아는 만큼 보이기 때문이다.

4. 글쓰기 관련 책에서 찾기

매일 글쓰기 소재로 고민하는 아이들을 위해 관련 책이 시중에 많이 나와 있다. 경험을 떠올릴 수 있는 마음 관련 책도 많다. 주변에서 글쓰기 소재를 찾는 것에 한계가 느껴진다면 이런 책을 활용한다. 주제 고민보다는 실제로 글을 쓰는 데 에너지를 써야 하기 때문이다. 다음은 글쓰기 소재를 찾는 데 도움이 되는 책 목록이다.

- 『창의력을 키우는 초등 글쓰기 좋은 질문 642』, 826 VALENCIA, 넥서스Friends
- 『초등학생이 좋아하는 글쓰기 소재 365』, 민상기, 연지출판사
- 『아홉 살 마음 사전』, 박성우, 창비
- '하루 한장 초등 글쓰기' 시리즈, 박재찬, 테크빌교육

4장

메타인지를 키우는
학년별 초등 글쓰기

고학년 편

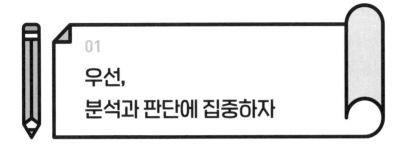

01

우선,
분석과 판단에 집중하자

 보통 저학년 때는 대부분의 아이들이 큰 어려움 없이 공부를 따라간다. 3학년까지는 조금만 공부해도 어렵지 않게 시험을 잘 볼 수 있다. 그런데 4학년에 올라가면서부터 당황하는 아이들이 생긴다. 교과서 내용이 심화되기 때문에 지금까지의 방식으로 공부하면 한계에 부딪힌다. 그리고 5,6학년에 가면 내용은 더 심화된다.

 저학년과 고학년의 공부는 다르다. 저학년의 공부가 놀이 위주의 활동과 단순한 내용의 이해였다면, 고학년의 공부는 배경지식을 통한 내용의 이해, 논리적인 해석, 자신의 생각 표현이라고 설명할 수 있다. 대상에 대한 배경지식이 자신에게 있는지 없는지 분석하고 잘 모르면 정보를 찾아봐야 한다. 그리고 배경지식을 동원해 대상을 총체적으로 이해해야 하고 그에 대한 자신의 생각을 근거를 갖고 말할 수 있어야 한다. 공부의 변화만 살펴봐도 고학년에서는 조금 더 수준 높은 메타인지가 필요하다는 사실을 알 수 있다.

이제 조금 더 수준 높은 메타인지를 키우기 위한 글쓰기를 시작할 차례다. 저학년에서는 대상에 대한 관찰과 상상, 놀이로 접근하는 글쓰기를 통해 상황을 다각도로 인지하는 것에 초점을 맞췄다면, 고학년에서는 중점을 '분석'과 '판단'에 둔다. 분석과 판단은 메타인지의 핵심이다. 대상에 대한 정보를 내가 가진 경험, 지식, 감정과 관련짓고, 내가 아는 것과 모르는 것, 그리고 안다면 어느 정도 아는지를 분석하는 일은 매우 중요하다.

다양한 주제를 생각해보고 경험, 지식, 감정과 연결 짓는 연습을 계속해야 한다. 이런 생각을 글로 옮기면 내가 아는 것과 모르는 것이 명확해진다. 알지 못하는 것으로는 글을 쓸 수가 없다. 막연히 아는 것은 한두 줄 쓰다 보면 막혀버린다. 어느 정도 안다고 생각했던 것도 막상 쓰다 보면 같은 말을 반복하고 있거나 쓸거리를 찾지 못하는 경우도 있다.

별생각이 없었는데 실제로 글을 쓰다가 내면의 감정이나 머릿속 지식이 줄줄 나오는 경우도 있다. 쓰다 보면 다른 경험이 떠오르고 덧붙여 쓰면 관련된 경험과 감정이 따라온다. 이렇게 글을 쓰면 대상에 대해 내가 아는지 모르는지, 안다면 얼마나 아는지가 구체적으로 눈앞에 드러난다. 눈으로 부족한 부분을 확인하면 그것을 보충하기 위한 판단을 하기가 더 수월하다. 피드백은 고쳐 쓰는 과정을 통해 내용에 반영되고, 글은 다시 분석 과정을 거치며 점점 다듬어진다. 이처럼 글은 아이들의 머릿속 연결 고리들을 현실로 옮겨놓는 역할을 한다.

고학년의 글쓰기 방법에는 여러 가지가 있다. 우선 다양한 주제에 대해 생각해보는 경험을 쌓아야 하므로 주제 글쓰기를 포함하되, 지치지 않고 꾸준히 할 수 있도록 강약을 적절히 이용해야 한다. 그리고 많은 사람들에게 인정받은 책을 베껴 쓰면서 문장 쓰기 감각을 익히고, 이에 대한 생각을 글로 쓰는 방법도 고학년 아이들에게 효과적이다. 고학년은 아이들이 사춘기에 접어들고 또래 친구 관계에 민감한 시기이기에 마음, 자존감, 사회성과 관련된 글쓰기가 꼭 필요하다. 정서적인 안정은 뇌 발달에도 긍정적인 영향을 주며 공부에서도 높은 성취로 이어진다고 알려져 있다. 글쓰기를 통해 고학년 아이들의 마음을 어루만져준다면 메타인지의 발달이 더 빨라질 것이다. 메타인지 분석 단계에서 가장 중요한 것은 객관성과 논리력이다. 고학년 아이들은 논리적 사고력이 발달 중인 만큼 이를 글쓰기를 통해 연습하면 메타인지의 발달 또한 이끌 수 있다. 지금부터 그 방법들을 소개하고자 한다.

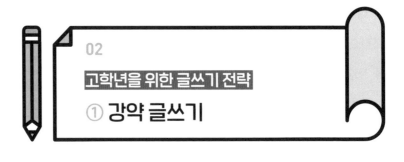

고학년을 위한 글쓰기 전략

① 강약 글쓰기

    음악에는 셈여림이 있다. 2/4 박자는 강약(◎ ◦), 3/4 박자는 강약약(◎ ◦ ◦), 4/4 박자는 강약중간약(◎ ◦ ○ ◦)이다. 셈여림이 없는 음악을 상상해보자. 일관적인 약박의 음악은 지루하고 졸리며 강박의 음악은 시끄럽고 듣기 싫다. 똑같은 음량의 음악은 밋밋하고 재미없으며 임팩트도 없을 것이다. 교육도 마찬가지다. 항상 강하게만 끌고 가면 처음에 아이들은 억지로 따라오지만 이내 지치고 힘들어한다. 그렇다고 그냥 약하게 하는 둥 마는 둥 하면 아이들은 따라오지 않고 중구난방이 되어버린다. 15년간 교사로 지내면서 느낀 점은 교육에는 강약이 필요하다는 것이다. 밀고 당기기,

일명 '밀당'이 필수다. 글쓰기 지도에도 이런 원리를 적용할 필요가 있다. 매일 한 편의 긴 글을 쓰라고 하면 아이들은 한숨부터 내쉴 것이다. 아이들은 생각보다 더 글쓰기를 귀찮아하고 싫어하므로 적절한 강약 조절이 필요하다.

초등학생들에게 글쓰기의 기술이나 문법적인 접근을 하는 것은 비효율적이다. 평생 글을 쓸 아이들이 우선 글쓰기에서 재미를 느끼는 데 목표를 둬야 한다. 글쓰기가 귀찮고 재미없다는 인식을 없애고 친근하게 다가가는 일에 초점을 맞춰야 한다. 재미를 느끼면 글쓰기는 습관이 되고, 계속 글을 쓰면서 주제와 자신의 지식 및 경험을 연결 짓는 아이들은 인지에 대한 인지의 과정을 여러 번 경험하게 되어 메타인지가 발달한다. 그리고 이러한 습관과 능력은 공부할 때 자연스럽게 그 효과가 발휘된다. 아이들은 글을 쓸 때처럼 공부할 때도 상황 판단을 정확히 해서 분석하고, 모르는 것을 알기 위해 스스로 피드백을 한다. 공부머리를 갖게 되는 셈이다. 아이들이 글쓰기에 재미를 느껴 습관화하기 위해 어떻게 강약 조절을 하면서 접근하면 좋을지 살펴보자.

📘 강약 글쓰기 1단계
'약-약-약-약' 짧은 글쓰기 워밍업(0~3주)

기본적으로 글은 매일 써야 실력이 향상된다. 아이들이 글쓰기를 싫어한다고 해서 일주일에 한두 번만 써도 괜찮다고 생각하면 안 된다. 매일 써야 글쓰기가 일상이 되고 자연스러워진다. 그래서 나는 매일 쓰되, 강약 조절의 방법을 추천한다.

두세 문장은 아이들이 큰 부담을 느끼지 않고 쓸 수 있는 정도다. 매일 일상에서 있었던 일이나 기분을 써도 좋고 오늘 배운 수업 내용을 정리해도 좋다. 매일 짧은 글을 써서 글쓰기에 대한 두려움을 줄이는 것이 첫 단계다. 개인마다 심리적 방어선이 되는 글의 양은 다르다. 아이의 글쓰기 수준과 마음의 준비 상태에 따라 조절하면 된다. 정말로 글쓰기를 싫어하는 아이라면 한 문장도 괜찮다. 매일 한 문장씩 쓰다가 점차 늘리면 된다. 다섯 문장쯤은 별것 아닌 아이도 있다. 이런 아이는 굳이 두세 문장으로 한정할 필요가 없다. 아이의 수준을 잘 모르겠다면 일단 두세 문장으로 시작하고 조절하자.

문장이 너무 단조롭고 짧다면 디테일한 연습이 필요하다. 비유나 수식어 같은 간단한 표현법만 알려줘도 아이들의 문장은 풍부해진다. 이때 공부로 접근하기보다는 질문을 던지고 아이들이 덧붙여나가는 방식을 사용하면 좋다. 가령 '나는 얼굴이 빨개졌다'라고 썼다면 "왜 빨개졌어?"라고 질문한다. 그러면 아이들은 '나는 너무 부끄러워서 얼굴이 빨개졌다'라고 수정한다. 그다음으로 "빨간 얼굴은 뭐랑 비슷했어?"라고 물으면 아이들은 '나는 너무 부끄러워서 얼굴이 사과처럼 빨개졌다'라고 수정할 것이다. 처음 썼던 문장이 몇 번의 질문에 의해 훨씬 풍성해짐을 알 수 있다. 아이들이 처음으로 쓴 문장을 지우지 말고 문장 부호를 써서 덧붙이도록 한다. 아이들에게는 지우고 다시 쓰는 것도 글쓰기를 싫어하는 이유가 될 수 있기 때문이다. 처음부터 글을 쓸 때 문장을 한 줄 띄고 쓰는 등 공간을 여유 있게 하는 것도 좋은 방법이다. 또한 짧은 글이라도 아이들이 잘 표현하는지 옆에서 살펴봐주는 것이 필요하다. 피드백은 아이들이 재미있게 계속 글을 쓸 수 있는 힘의 원천이 된다.

〈매일 짧게 쓰기 좋은 주제〉

- 오늘 아침 기분 쓰기
- 오늘 기분 좋았던 일 또는 기분 나빴던 일 쓰기
- 내가 좋아하는 것 또는 싫어하는 것과 그 이유 쓰기
- 오늘 먹은 반찬의 종류와 맛 평가하기
- 반 친구 중 한 명을 색깔/캐릭터/동물에 비유하고 그 이유 쓰기

📖 강약 글쓰기 2단계
'강-약-약-약' 짧은 글 사이에 긴 글 하나(3주~6개월)

1단계가 익숙해졌다면 이제 과제를 하나 추가한다. 한 편의 긴 글을 쓰게 하는 것이다. 아주 긴 글이 아니라 생각할 시간이 필요한 주제로 평소보다 조금 더 긴 글을 쓰게 하는 것이다. 평소에는 일상과 간단한 수업 요약 등을 짧은 글로 썼다면 딱 하루만큼은 주제 글쓰기를 한다. 예를 들어, 월요일과 화요일에는 짧은 글을 쓰고, 수요일에는 긴 글을 한 편 쓰고, 나머지 목요일부터 일요일까지는 다시 짧은 글을 쓰는 것이다. 주말이 편하다면 주말에 주제 글쓰기를 해도 좋다. 우리 반의 경우 수요일과 주말에 주제 글쓰기를 했는데, 각각의 장단점이 있었다.

주중에 아이들은 학교에 다니기 때문에 긴장 상태지만, 학교생활로 인해 반복되는 일상이 있어 일정한 루틴을 만들기에 좋다. 그래서 수요일에 주제 글쓰기를 하는 것이 어쩌면 아이들에게는 덜 귀찮은 일일 수 있다. 게다가 학교생활의 루틴 속에서 쓸 수 있다는 장점도 있다. 하지만 여러 곳의 학원을 다니고 숙제가 많은 요즘 아이들에게 시간을 따로 빼서 글을 쓰는 일은 부담일 수 있다.

그런가 하면 주말에 주제 글쓰기를 할 경우 아이들이 집에서 원하는 시간에 여유롭게 글을 쓸 수 있다는 장점이 있다. 하지만 주말은 긴장이 풀려 주제 글쓰기를 귀찮게 여길 수도 있다. 또 누구나 경험이 있겠지만 주말에 할 일은 일요일 밤으로 미루게 되기 마련이다. 일정을 지키기 위해 어쩔 수 없이 대충 써버리는 일이 벌어질 수 있다.

주중이든 주말이든 각자에게 맞는 방식으로 정하면 된다. 단, 글쓰기 시간을 일정하게 정해두는 것이 포인트다. 우리 반은 매일 아침 시간으로 정해서 썼다. 그리고 시간을 한정할지에 대해서도 고민해야 한다. 지금까지의 경험으로 미뤄보면 시간이 많다고 해서 아이들이 더 고민하고 더 잘 쓰는 것은 아니었다. 시간이 정해지면 그에 맞는 속도로 생각하고 글을 쓴다. 시간제한 없이 쓰면 주제와는 상관없는 딴생각이 나기도 하고, 생각을 멈춘 채 멍하니 있기도 한다. 따로 정보 검색을 해야 하거나 진지하게 고민해야 할 주제가 아니라면 되도록 쓰는 시간은 정하는 것이 좋다. 그래야 습관처럼 쓸 수 있다.

🗄 강약 글쓰기 3단계
'강-약-중간-약' 고쳐 쓰기 추가

3단계는 글쓰기가 일정 궤도에 오른 상태로, 한 단계 더 도약할 수 있는 기회다. 2단계에 자신이 쓴 글을 고치는 활동을 추가한다. 자신이 쓴 글을 다시 보면서 고치라고 하면 잘못된 부분이 잘 보이지 않는다. 글을 쓰는 동안 자신의 생각에 사로잡혀 있기 때문에 생각의 오류, 글의 매끄러운 정도, 잘못된 맞춤법 등이 눈에 잘 들어오지 않는다. 그래서 다음과 같은 방법을 사용한다.

1주차 수요일에 한 편의 글을 쓴다. 2주차 수요일에 1주차 수요일에 쓴 글을 수정하고, 새로운 한 편의 글을 쓴다. 3주차 수요일에도 마찬가지로 글쓰기를 진행한다. 2주차 글을 수정하고 새로운 글을 한 편 쓴다. 같은 요일에 해야 잊지 않고 할 수 있으므로 되도록 같은 요일로 한다. 아이들은 자신의 글을 수정해가며 보람을 느낄 뿐만 아니라 글쓰기 실력까지 향상시킨다. 자신의 글을 객관적으로 평가하고 수정하면서 하는 반성은 다음 글의 아주 좋은 밑거름이 되기도 한다.

초등 아이들은 글쓰기에 재미를 붙이는 일이 목표이기 때문에 사실 무조건 3단계까지 할 필요는 없다. 대다수의 글쓰기 책에서는 일단 쓰고 고쳐 쓰면서 글의 완성도를 높이라고 하지만, 이렇게 하면 아이들이 글쓰기를 좋아할 가능성은 점점 줄어든다. 아이들이 재미없어하면 지속하기가 어렵다. '재미 붙이기'와 '익숙해지기'라는 목표를 이루려면 매일 쓰고 자주 쓰게 하는 것이 더 효과적이다. 여기에 부모와 교사의 피드백으로 문장의 완성도와 내용의 풍부함을 더하면 금상첨화다.

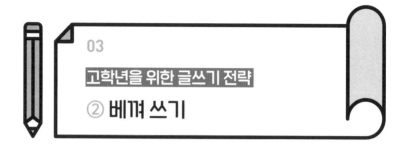

03

고학년을 위한 글쓰기 전략

② 베껴 쓰기

6살 난 아들이 재잘재잘 말하는 모습을 보다가 어느 순간 '저런 말을 어디서 배웠지?' 하는 생각이 들 때가 있다. 가만히 돌이켜보면 내가 한 말이다. 따로 가르치거나 배운 적이 없는데도 신기하게 적재적소에 그 말을 사용한다. 아이는 좋은 것도 나쁜 것도 모두 따라 한다. 아이가 바른 말을 쓰기를 원하면 부모가 바른 말을 쓰면 된다. 단순하지만 최선의 방법이다. 글도 마찬가지다. 멋진 글을 쓰고 싶은데 방법을 모른다면? 멋진 글을 똑같이 베껴 써보는 것이다. 어린아이가 말을 배우는 방법과 같다. 처음에는 그냥 무작정 베껴 쓴다. 그러다 보면 어떻게 글을 써야 할지 감이 잡혀 결국 자기 스타일대로 쓰게 된다.

📗 베껴 쓰기의 장점

먼저 베껴 쓰기는 쉬워서 누구나 할 수 있다. 글쓰기를 귀찮아하고 재미없어하는 아이들도 베껴 쓰기는 별 부담 없이 한다. 글을 쓰라고 하면 하기 싫은 표정을 짓지만 베껴 쓰기는 쉽다고 생각해서 이쯤은 할 수 있다는 표정으로 시작하곤 한다.

같은 글을 천천히, 여러 번 읽게 되는 효과도 있다. 베껴 쓰려면 연필로 꾹꾹 눌러써야 하기 때문에 시간이 걸린다. 그 시간 동안 문장을 여러 번 읽고 되뇌며 의미를 생각하게 된다. 그래서 빨리 읽어버리고 끝내는 경우와는 확실히 다르다. 글의 의미를 깊이 이해할 수 있다.

또 문장력을 배울 수 있다. 아주대 이국종 교수가 『골든아워』를 출간했을 때 『강원국의 글쓰기』의 강원국 작가가 이 책에서 김훈 작가와 같은 느낌이 나서 물어보니, 이국종 교수가 평소 김훈 작가의 책을 좋아해 외우다시피 한다고 답했다고 한다. 여러 번 읽고 외우고 베껴 쓰면서 문체가 닮게 된 것이다. 강원국 작가도 칼럼을 잘 쓰고 싶어 전북대 강준만 교수의 칼럼을 베껴 써서 필력을 쌓았다고 한다. 아이들도 자신이 재미있게 읽은 책이나 명작을 베껴 쓴다면 그 작가의 문장력을 배울 수 있다.

책을 자세히 읽었다는 보람도 느낄 수 있다. 아이들은 좋은 글을 베껴 써서 가득 채운 자신의 공책을 보며 뿌듯함을 느낀다. 이러한 보람은 글쓰기를 계속해나가는 동기가 된다. 특히 여자아이들은 더 예쁘게 쓰기 위해 애쓸 정도로 베껴 쓰기를 열심히 한다. 남자아이들 또한 만족감 때문에 계속해나간다.

무엇보다 큰 장점은 학습 효과에 있다. 어떤 글이든 베껴 쓰는 동안 그 의미를 곱씹으며 여러 번 읽게 된다. 한 번 대충 읽는 것과 여러 번 천천히 읽고 되뇌는 것은 결과에서 큰 차이를 만든다. 수박 겉핥기식 공부는 내가 그 내용을 봤는지조차 가물가물하지만, 베껴 쓰기를 통해 한 공부는 한 단어, 한 문장도 허투루 넘기지 않았기에 기억에 오래 남는다. 베껴 쓰는 동안 글을 읽으며 자신의 경험과 지식을 떠올리기도 한다. 메타인지가 활성화되는 것이다. 천천히 생각할 때 메타인지는 제대로 기능하기 시작한다. 메타인지의 작동하에 일어나는 학습은 모든 것을 스스로 통제하기에 효과가 높을 수밖에 없다.

짧은 시간만 투자해도 효과를 볼 수 있다. 내 생각을 끄집어내서 글로 쓰는 일에는 에너지가 많이 필요하지만, 베껴 쓰기는 적은 에너지로도 큰 효과를 볼 수 있다. 다만 너무 긴 글은 쓰다 보면 시간이 오래 걸려 집중력이 떨어지고 꾸준히 하기 어려우니 짧은 시간 동안 할 수 있는 적당한 길이의 글로 시작하는 것이 좋다. 아이가 베껴 쓰기에 흥미를 붙이면 좋아하는 책이나 명작 베껴 쓰기로 넘어간다.

🎁 베껴 쓰기의 방법

우리 반에서 베껴 쓰기를 진행한 사례를 소개하겠다. 베껴 쓰기는 개인의 선택에 따라 개별적으로 진행하는 방법이 가장 좋다. 하지만 아이마다 흥미와 적성이 다르고, 읽기와 글쓰기 수준이 천차만별이기 때문에 교사가 모든 아이들에게 피드백을 주며 베껴 쓰기를 진행하기가 어렵다고 판단했다. 어느 정도 베껴 쓰기의 방식을 알고 스스로 해나갈 능력이 갖춰졌을 때 개인적으로 하는 것이 좋겠다고 생각해서 처음에는 모두 함께 똑같은 글로 베껴 쓰기를 진행했다.

일단 베껴 쓰기용 공책을 준비한다. 공책을 세로로 반을 접는다. 반 접은 공책의 왼쪽에는 날짜를 적고 베껴 쓰기를 하고, 오른쪽에는 그에 대한 자신의 생각이나 다짐을 쓴다. 베껴 쓰기만 하면 아무 생각 없이 기계처럼 쓰고 넘어갈 수 있어 생각 쓰기를 함께했다. 그래서 베껴 쓰기를 하면서 떠오르는 자신의 경험이나 생각을 쓰고 반성과 다짐을 덧붙였다. 꼭 공책의 반을 접어서 하지 않아도 된다. 위에 글을 베껴 쓰고 아래에 생각을 적어도 된다.

베껴 쓰기를 최대한 의미 있는 활동으로 만들기 위해 베껴 쓰기의 방법에 대해 자세히 설명했다. 제대로 하는 베껴 쓰기는 메타인지를 활성화시키는 유용한 방법이지만, 단순한 베껴 쓰기는 시간에 비해 효과가 떨어질 수 있다. 제대로 하는 베껴 쓰기의 방법은 다음과 같다.

① **1차 읽기**: 글을 천천히 읽는다.

② **2차 읽기**: 글을 다시 한번 읽으며 의미를 생각한다.

③ **베껴 쓰기**: 공책에 글을 베껴 쓴다.

④ **생각 쓰기**: 자신의 생각을 쓴다.

아이들에게 베껴 쓰기를 하라고 하면 ①, ②를 생략하고 ③부터 하는데, 전체적인 내용과 의미를 알고 쓰는 것이 문장에 집중하고 깊이 있게 생각하는 데 훨씬 효과적이다. ①, ②는 메타인지 단계 중 '상황 인지'에 해당한다. 주어진 글을 여러 번 읽고 의미를 완벽하게 이해하는 과정은 '내 생각'을 만들기 위한 배경이 된다. 천천히 의미를 생각해보는 읽기 과정을 아이들이 귀찮아서 생략해버릴 수 있으니 처음부터 지도를 잘해야 한다. 습관만 잘 잡아주면 학교에 오자마자 글 읽기부터 자연스럽게 한다.

- 메타인지: 상황 인지 → 분석 → 판단(+피드백)
- 글쓰기: 주제 선정 및 정보 수집 → 구상 → 실제 쓰기(+고쳐 쓰기)

③은 메타인지의 '분석' 과정을 포함한다. 읽고 내용을 파악한 글을 천천히 베껴 쓰면서 기존의 지식 및 경험과 관련지어 생각해 본다. 글과 관련된 경험을 떠올리고 지식을 총동원하면서 나만의 새로운 생각을 만들어간다. 이때 모르는 부분, 이해가 안 되는 부분이 있다면 해결하기 위해 나름의 노력을 한다. 선생님이나 부모님에게 물어볼 수도 있고 친구와 대화를 하거나 인터넷 검색을 할 수도 있다.

그리고 최대한 디테일하게 방법을 알려줘야 한다. 단어 단위로 끊어서 베껴 쓰면 단어에 대한 익숙함을 생길 수 있으나 문장력을 키우거나 문체를 닮는 데는 한계가 있다. 예를 들어 다음과 같은 5학년 1학기 사회 교과서의 문장을 베껴 쓴다고 하자.

한 나라의 영역은 그 나라의 주권이 미치는 범위를 말하며 영토, 영해, 영공으로 이루어진다.

그러면 아이들은 '한 나라의'를 보고 쓰고, '영역은'을 보고 쓰고, '그 나라의'를 보고 쓰는 식으로 베낀다. 단순히 단어 단위로만 끊어서 베껴 쓰는 것이다. 이보다는 다음과 같이 쓸 수 있도록 지도해야 한다.

한 나라의 영역은/ 그 나라의 주권이 미치는 범위를 말하며/ 영토, 영해, 영공으로 이루어진다.

어구(의미) 단위로 끊어서 베껴 쓰는 것이다. 이보다 적게 끊으면 더 좋다. 각자의 수준에 맞춰 끊는 횟수를 조절한다. 문장을 외우려면 의미를 이해해야지만 가능하다. 외워서 베껴 썼는데 조금 다르다면 나중에 고쳐도 되고, 큰 문제가 아니라면 그냥 넘어가도 무방하다. 외우려면 문장을 반복해서 읽을 수밖에 없는데, 그래서 문장력과 문체를 배울 수 있다.

④는 메타인지의 완성이라고 할 수 있다. 분석 단계에서 지식 및 경험과 관련지어 만들어낸 새로운 생각을 글로 표현하는 것이다. 메타인지의 결과물을 구체적으로 남기는 셈이다. 아이들은 글을 쓰면서 생각을 정리하고 명료화한다. 자신의 생각을 뒷받침하는 내용을 써야 하는데, 쓸 수 없다면 생각을 수정하거나 표현 방법을 바꿔가며 시행착오와 수정을 반복한다. 그동안 메타인지의 과정이

여러 번 반복된다. 이렇게 글에 대한 생각까지 정리하면 비로소 베껴 쓰기가 끝난다.

우리 반의 베껴 쓰기는 아침에 내가 책의 일부를 칠판에 적어놓으면 아이들이 학교에 와서 스스로 그것을 베껴 쓰고 자신의 생각을 덧붙이는 방식으로 진행되었다. 각자 속도가 다르기 때문에 베껴 쓰기를 먼저 끝낸 아이는 책 읽기로 자연스럽게 넘어가도록 했다. 글의 주제나 난이도에 따라 베껴 쓰기는 하지만 생각은 쓰지 못하는 아이들이 간혹 있어서, 이럴 때는 아이들끼리 서로 생각을 먼저 나누는 시간을 줬다. 그러면 아이들은 친구의 이야기를 들으며 잊고 있던 자신의 경험을 떠올리거나, 새로운 아이디어나 좋은 생각을 배웠다. 서로 생각을 공유하는 시간을 가진 뒤 글을 쓰면 훨씬 깊이 있게 잘 쓴다.

우리 반은 『니체의 말』로 베껴 쓰기를 했다. 니체의 책에서 좋은 글을 발췌해 주제별로 정리한 책이다. 매일 조금씩 쓸 수 있도록 글이 짧게 구분되어 부담이 없고 좋았다. '니체'라고 하면 어려운 철학이 떠올라 거부감이 들 수도 있지만, 초등 고학년 정도면 의미를 어느 정도 이해할 수 있다. 조금 어려워하는 글은 의미에 대해 설명하면 잘 따라온다. 어른도 함께할 수 있는 수준의 책으로, 어른과 아이가 글에 대한 이해의 깊이는 다를 수 있으나 충분히 같은 책으로 베껴 쓰기가 가능하다. 1년간 베껴 쓰기를 꾸준히 한 결

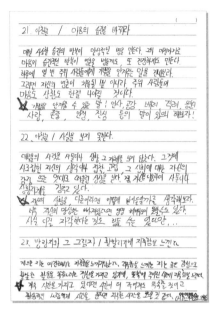

▌베껴 쓰기 노트 예시.

과, 어느 날 한 전담 선생님이 우리 반 아이들의 표현력이 참 좋다고 말했다. 대상에 대한 생각을 이야기하는데 "좋았어요", "재미있었어요" 같은 밋밋한 답이 없고 이유도 표현도 하나하나 다 다르게 이야기해서 놀랐다고 했다. 매일 생각을 글로 쓰는 연습을 한 덕분이다. 글의 길이와 문장 표현력이 좋아졌음은 물론이다.

베껴 쓰기는 학교보다는 집에서 하기를 권하고 싶다. 각자 좋아하는 책, 작가, 장르 등이 다르기 때문이다. 특히 부모와 아이가 함께하는 베껴 쓰기를 추천한다. 생각보다 아이들의 생각이 깊어서 놀랄 것이다. 아이와 함께 책을 골라서 베껴 쓰기에 도전해보자. 하루 20분 정도면 가능하다. 손으로 직접 공책에 쓰면 너무 좋지만, 시간이 부족하고 타자가 빠른 경우 한글 프로그램에 베껴 쓰기를 해도 괜찮다. 서로 같은 글을 베끼고 나서 쓴 생각을 바꿔 읽는 방법도 부모와 자녀 간에 좋은 시간을 만들어줄 것이다.

베껴 쓰기는 글만 베껴 쓰는 것이 아니라 작가의 생각을 따라가고 배워가는 것이다. 자꾸 보고 쓰고 생각하면 닮아간다. 꾸준히 하면 어느새 훌쩍 생각이 자란 아이를 발견하게 될 것이다. 문장력 또한 자연스럽게 뒤따라온다. 작가의 생각을 정확하게 읽어내고 베껴 쓰면서 복기한 뒤 자신과 연결 지어 생각을 표현한다면, 그것은 작가의 것이 아니라 진짜 '내 것'이다. 교과서를 베낀다면 내용을 뇌에 강력하게 연결해서 진짜 내 지식으로 만들 수 있다. 명작을 베낀다면 그 속의 교훈과 감정이 마음에 끈끈하게 연결되어 진짜 내 지혜가 된다. 참된 배움이 일어나니 공부는 저절로 되지 않을까.

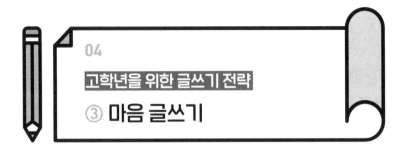

고학년을 위한 글쓰기 전략
③ 마음 글쓰기

인간에게 정서적 안정은 매우 중요하다. 매슬로우의 욕구 이론에 따르면, 인간의 욕구는 생리적 욕구, 안전의 욕구, 애정과 소속의 욕구, 존중의 욕구, 자아실현의 욕구로 구분되며, 아래 단계의 욕구가 충족될 때 다음 단계의 욕구가 생긴다고 한다. 생리적 욕구가 충족되고 안전이 보장될 때 애정과 소속을 원하는 마음이 든다. 이러한 욕구가 충족되면 다른 사람에게 존중받고 싶은 마음이 생긴다. 내가 한 일을 인정받아 자아 존중감이 생기면 이제 가장 상위인 자아실현의 욕구가 발현된다.

이는 아이들에게도 똑같이 적용된다. 부모님, 선생님, 친구들로부터 안전과 애정, 소속의 욕구가 충족되는 것을 한마디로 '정서적 안정'이라 표현할 수 있다. 아이들은 정서적으로 안정되면 비로소 자아실현의 욕구가 샘솟는다. 뭔가를 해보고 싶은 마음, 그게 공부든 운동이든 그 무엇이든 말이다. 꿈꾸고 도전하고 배움을 스스로 해나가는 아이로 키우려면 정서적 안정은 필수다. 그 기반을 글쓰기로 닦을 수 있다.

🗋 마음을 치유하는 글쓰기

요즘 마음의 여유가 없는 아이들이 많다. 사춘기를 겪고 있어서, 부모님과 관계가 좋지 않아서, 친구와 어울리지 못해서, 성적이 떨어져서, 학원을 너무 많이 다녀서 등 이유도 참 다양하다. 스트레스를 받고 마음이 불안할 때는 그것을 잊을 수 있는 단순하고 자극적인 것을 찾기 마련이다. 아이들이 방과 후에 스마트폰부터 켜고 게임과 웹툰 등에 빠져서 시간을 보내는 것도 마음이 평안하지 않아서 그런 건 아닌지 모르겠다.

　마음이 아픈 아이들의 학교생활은 어떨까? 사랑이 부족한 선규는 관심을 받기 위해 과격한 행동을 하고 친구를 따돌린다. 아빠와의 관계가 좋지 않은 윤지는 남자아이들에게 반감을 갖고 지나치게 배척한다. 친구와의 갈등이 잦아 상처가 많은 화영이는 작은 일에도 화를 잘 낸다. 최근 부모님이 이혼한 영찬이는 자주 배가 아프다고 보건실에 간다. 마음이 아픈 아이들은 학교생활도 행복하지 못하다. 이런 아이들은 공부도 열심히 하기 어렵다. 정서적인 안정은 학습의 중요한 요소다. 불안정한 정서로 공부에 집중하기란 불가능하다.

몇 년 전 우리 반이었던 6학년 재중이는 일기에 자살을 하고 싶다고 썼다. 깜짝 놀라 이야기를 해보니, 부모님 사이의 갈등으로 우울했던 엄마의 폭언과 동생과의 차별 때문이었다. 엄마가 심리적으로 불안정하다 보니 재중이에게 그 감정이 고스란히 전해졌고, 아이는 많이 불안해하고 있었다. 나는 거의 매일 방과 후에 재중이와 상담을 했다. 이런 아이들에게는 마음의 상처를 배출할 수단이 있어야 한다. 스트레스가 많은 아이들일수록 말로 안 좋은 감정을 배출하면 좋은데, 사실 타인에게 그 감정을 솔직하게 털어놓기가 쉽지 않다. 그래서 글쓰기를 활용했다. 재중이는 마음속의 화와 슬픔을 그림과 글로 표현했다. 처음에는 소극적이었던 재중이는 몇 차례 쓰면서 아주 구체적으로 마음을 드러내기 시작했다.

재중이는 자신의 이야기를 누군가 들어주고 마음을 이해해주는 것만으로도 치유가 되는 듯했다. 나는 열심히 재중이의 글을 읽으며 공감했고 힘을 주려고 노력했다. 한 학기가 지나자 재중이의 표정은 눈에 띄게 좋아졌고, 너무나 다행히 자살하고 싶다는 말도 현저히 줄어들었다. 수업 태도도 좋아져서 활동에 적극적으로 참여했고 배움 노트도 꾸준히 썼다. 마음의 안정을 찾자 학습뿐만 아니라 학교생활 전반에서 개선된 모습을 보였다.

글쓰기는 마음을 치유하는 효과가 있다. 아이들이 마음속에 상처를 담아놓고 키우지 않도록 배출구로써의 글쓰기를 반드시 해야 한다. 특히 고학년 아이들에게 아주 효과적이다. 단, 이런 글은 아이들이 동의했을 때를 제외하고는 솔직하게 쓸 수 있도록 보지 않는다.

🗂 고민을 나누는 글쓰기

고학년 아이들과 항상 하는 활동이 있다. '고민 비행기 날리기'다. 교사 연수에서 알게 된 활동인데, 글쓰기를 접목해 조금 변형해서 활용하고 있다. 아이들 각자 현재의 고민을 익명으로 종이에 쓴다. 이때 상황은 최대한 구체적으로 쓴다. 그다음에 고민을 쓴 종이로 비행기를 접는다. 반 전체가 동시에 가운데로 비행기를 날린다. 나는 무작위로 하나씩 골라 펼쳐서 라디오 사연처럼 고민을 읽는다. 아이들은 누구의 고민인지 모르지만 그 고민에 대한 해결 방법을 나름대로 함께 이야기한다.

아이들은 고민을 글로 쓰는 것만으로도 마음의 시원함을 느끼고, 친구들의 이야기를 들으며 고민이 반감되는 느낌을 받는다. 그리고 비행기를 날림으로써 고민을 다른 곳으로 보낸다는 기분도 느낀다. 특히 나만의 고민인 줄 알았던 일들이 많은 친구들도 똑같이 고민한다는 사실을 알게 된다. 이후 아이들의 표정이 참 편안해진다. 그런데 40분 동안 비행기를 두세 개밖에 이야기하지 못한다. 그래서 교실 뒤편에 비행기를 펴서 붙여놓은 뒤 포스트잇을 둔다. 아이들은 쉬는 시간에 자유롭게 고민을 읽고 포스트잇에 자신이 생각하는 해결 방법을 글로 쓴다. 진지한 분위기만 조성된다면 생각보다 좋은 의견이 많이 나온다. 이 활동으로 고민을 쓴 아이도, 고민에 대한 댓글을 쓴 아이도 행복해한다.

가정에서도 활용할 수 있다. 가족끼리 고민을 말하기 어려울 때 각자 글로 쓴 다음에 포스트잇으로 댓글을 달아보면 어떨까? 아이들은 부모님의 고민을 읽는 상황, 그리고 자신이 그 고민에 답변하는 상황을 재미있어할 것이다. 아이들은 생각보다 더 좋은 아이디어를 낼 때가 많다. 가족과 함께하는 대화 시간으로 정서적 안정을 느낀 아이들은 자기 계발 욕구를 실현할 바탕을 마련하게 된다.

🎁 프리즘 카드를 활용한 글쓰기

학교에서는 프리즘 카드를 글쓰기에 활용한다. 프리즘 카드의 한
쪽 면에는 사진이 있다. 불타는 장작, 어린아이의 발, 가위와 색종
이, 구름이 잔뜩 낀 하늘, 박수 치는 손 등 다양하다. 다른 쪽 면에
는 기쁨, 자유, 즐거움, 평화, 창조, 희망 등의 단어가 쓰여 있다.

프리즘 카드를 활용하면 다양한 주제의 글쓰기가 가능하다. 뒤
집어 섞은 다음, 아이들에게 카드를 뽑으라고 한다. 이때 나온 카
드의 사진이나 낱말이 그날의 글쓰기 주제가 된다. 모둠별로 뽑아
도 되고 각자 뽑아도 된다. 글쓰기 주제가 고민일 때 활용하면 방
법이 쉽기도 하고 뽑을 때 긴장되어 재미있어한다. 글을 쓸 때는
아주 긴 글을 쓰지 않아도 된다. 몇 문장으로 시작해서 익숙해지면
긴 글쓰기로 넘어간다. 짧게 쓰되 정확한 문장 구조로 쓰고, 자연

▌프리즘 카드의 모습.

스럽게 읽히도록 쓰기에 초점을 맞춘다.

같은 프리즘 카드라도 아이마다 경험과 지식이 다르기에 다른 글이 나온다. 아이들은 보통 카드 내용과 관련된 자신의 경험 또는 그에 대한 느낌을 쓴다. 이를 공유함으로써 아이들은 다양한 감정을 경험한다. 감정을 글로 표현하면 좋은 감정은 더 커질 수 있고, 슬프고 화나는 등 좋지 않은 감정은 친구들의 공감으로 해소될 수 있다.

사실 프리즘 카드가 없어도 상관없다. 집에서 아이들과 비슷하게 활용 가능한 방법이 있다. 요즘은 블로그나 인스타그램 등 SNS에 멋진 사진이 참 많다. 그중 하나를 선택해 글쓰기 주제로 삼으면 프리즘 카드와 비슷한 효과를 낼 수 있다. 혹은 아이가 생각했으면 하는 덕목이나 주제가 있다면 그런 낱말들을 종이에 써서 뽑기를 해도 되고, 간단하게 사다리 타기를 해서 정해도 좋다. 일단 주제 선정부터 재미있게 해서 흥미를 끈다면 아이들은 글쓰기를 더 기분 좋게 하게 될 것이다. 부모도 아이와 함께 글을 써서 공유하면 금상첨화다. 누군가의 반응이 있으면 더 하고 싶어지기 때문이다.

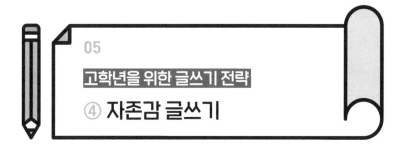

05
고학년을 위한 글쓰기 전략
④ 자존감 글쓰기

　요즘 사회의 화두 중 하나는 '자존감'이다. 자존감은 자신을 사랑하고 존중하는 마음으로, 자존감이 높은 사람은 자신의 능력에 대한 믿음이 있고, 어떤 상황이든 노력으로 성취하거나 해결할 수 있다고 생각한다. 반면에 자존감이 낮은 사람은 자신감이 부족하고 남의 시선을 의식하며 살아간다. 이 정도만 봐도 자존감은 아이들의 삶에 아주 중요한 요소다. 자존감은 성취도에 큰 영향을 미치며, 자아상과 사회성 등을 좌우한다.

　안타깝게도 학교에서 자존감이 낮은 아이들이 많이 보인다. 가족 관계가 좋지 않은 아이, 따돌림 경험이 있는 아이, 지나친 조기

217

교육으로 번아웃이 된 아이, 공부를 아무리 열심히 해도 성적이 오르지 않는 아이 등 이유는 다양하다. 자존감에 상처를 입은 아이들은 무엇을 하고자 하는 의욕이 적다. 공부도 스스로 동기를 부여해야 추진력이 생기는데, 자존감이 낮으면 그조차도 이어가기가 어렵다.

아이들이 마음속 이야기를 매번 누군가에게 솔직하게 터놓기는 어렵다. 글쓰기는 이런 상황에서 스스로를 치유하는 힘이다. 나는 아이들에게 글쓰기로 자존감을 회복해나가는 방법을 알려준다. 특히 객관적인 입장에서 자신을 관찰하고 생각하는 메타인지와 글쓰기의 결합은 자존감의 형성과 발달에 큰 도움이 된다. 아이들이 공부를 비롯해 자신이 하고 싶은 일에 신나게 뛰어들 수 있도록 자존감 글쓰기를 한번 해보는 건 어떨까.

📦 매일 하나씩 장점 쓰기

자존감을 형성하는 첫 번째는 나를 향한 관심이다. 아이들에게 자신과 1대1로 마주하고 자신에 대해 관심을 갖고 진지하게 생각할 기회를 줘야 한다. 이때 아이들에게 무조건 생각하라고 하면 어떻게 해야 할지 잘 모른다. 그래서 쉽게 시작할 수 있으면서도 자존감 회복을 위한 좋은 방법인 '자신의 장점 찾기'를 했다.

매일 하나씩 나의 장점을 완전한 문장으로 쓴다. 왜 장점이라고 생각하는지를 구체적으로 써야 한다. 처음에는 쉽게 찾지만 몇 개를 쓰고 나면 무엇을 더 써야 할지 고민 상황에 맞닥뜨린다. 이때가 나와 마주하고 나에 대해 질문할 수 있는 시간이다. 아이들은 처음으로 자기 자신에 대해 깊이 생각하면서 자신의 특징을 구체적인 문장으로 인출하게 된다. 수첩을 활용하면 좋다. '○○ 탐구생활', '나의 장점 찾기', '○○의 장점 공책' 등과 같은 제목을 단다. 아이들이 더 이상 쓸 게 없다고 할 때까지 자신에 대해 탐구할 수 있도록 계속 진행하는 것이 좋다. 그러면 아이들은 오늘의 작은 선행처럼 아주 사소한 것까지 쓰게 될 것이다.

막연하고 흐릿했던 것도 글로 쓰면 구체화된다. 추상적인 것은 글로 쓰기가 어렵기 때문에 아이들은 구체적인 특징을 문장으로 만들기 위해 애쓴다. 그러다 보면 생각보다 자신이 꽤 괜찮은 사람임을 느끼게 된다. '나에게도 이렇게 멋진 면이 있었구나' 하고 생각한다면 자존감은 쑥쑥 올라간다. 나에 대해 관심을 갖고 나를 이해하려는 노력은 반드시 필요하다. 우선 장점 쓰기로써 구체화하면 더없이 좋을 것이다.

〈자존감 글쓰기 - 장점 쓰기〉(5학년)

나는 축구할 때 골을 잘 넣지는 못하지만 수비는 잘한다. 상대편에서 가장 골을 잘 넣는 친구를 내가 맡아서 골을 못 넣게 막을 때가 많다. 공격도 중요하지만 수비도 중요하다. 나는 우리 팀에서 중요한 선수라고 생각한다. 앞으로도 공격보다는 내가 잘하는 수비를 더 잘하기 위해 노력할 것이다.

〈자존감 글쓰기 - 장점 쓰기〉(6학년)

나는 친구들의 이야기를 잘 듣는다. 친구들이 힘든 일이나 고민이 있을 때 나에게 와서 이야기하면 나는 내 일처럼 들어주고 친구를 위로해준다. 내가 이야기를 잘 들어줘서 친구들이 자주 찾아온다. 때로는 너무 오래 힘든 이야기를 하는 친구의 말을 듣는 것이 힘들 때도 있지만 고마워하는 친구를 보면 뿌듯하고 기분 좋다. 누군가의 이야기를 잘 들어주고 공감해주는 것은 나의 장점이라고 생각한다.

🏛 긍정 확언 쓰기

말 속에는 우리가 모르는 힘이 있다. 플라시보 효과, 의사가 환자에게 가짜 약을 주면서 진짜 약이라고 속여도 자신의 몸이 나아질

거라는 환자의 믿음 때문에 실제로 병이 낫는 현상이다. 의사는 그저 말 한마디로 환자에게 믿음을 심어줬고, 그것이 완치라는 좋은 결과로 연결된 것이다.

아이들에게도 말이 가진 힘을 적용해야 한다. 나에 대한 믿음과 그에 대한 꾸준한 표현은 아이를 변화시킬 수 있다. 우리 반 아이들과 '긍정 확언 쓰기' 활동을 해봤다. 처음에 아이들은 자기 자신에 대해 긍정적인 말을 별로 해본 적이 없어서 그런지 많이 어색해한다. 일단 한 문장씩 돌아가면서 큰 소리로 말한다. 내가 되고 싶은 모습을 생각해보고 그 모습을 문장으로 만든다. '나는 건강하다', '나는 아름답다', '나는 똑똑하다', '나는 잘 웃는 유쾌한 사람이다'처럼 간단하게 만들면 된다. 쑥스러워도 큰 소리로 용기 내어 말하고 나면 마음속에 의지가 샘솟는 것을 느낄 수 있다. 그리고 여기에서 끝나면 안 된다. 긍정 확언만 하면 뜬구름에 그치기 쉬우니, 글로 써서 효과를 높여야 한다. 공책에 긍정 확언을 쓰고 그것이 이뤄졌을 때 어떤 모습인지, 어떤 점이 좋을지 등을 구체적으로 상상해서 쓰게 한다.

배움 노트에 수정이는 '나는 여기에 쓴 내용을 모두 기억한다. 그래서 단원 평가에서 100점을 받는다'라고 썼고, 연진이는 '여기에 정리한 내용은 모두 내 머릿속에 들어온다. 나는 똑똑하다'라고 썼다. 그리고 일기장에 진영이는 '나는 매일 빠짐없이 쓴다. 아자!'라고 썼고, 해나는 '내 일기에는 기분 좋은 일이 가득하다. 나는 매일 행복하다'라고 썼다. 간단해 보이지만 아이들은 상상만으로도 마치 이뤄진 것처럼 행복해한다. 이러한 감정이 노력에 대한 의지를 북돋을 수 있다. 생각하는 대로 이뤄지고, 그 생각을 글로 쓰면 더 잘 이뤄진다. 그리고 자신에 대한 믿음을 발전시키는 원동력이 된다.

🗂 감사 일기 쓰기

우리 학교에서는 전교생이 감사 일기를 쓴다. 매일 알림장을 쓰고 마지막에 오늘 하루 감사한 일을 적는 것이다. 우리 반은 하루에 하나씩 쓴다. 오늘 하루가 지극히 평범한 것처럼 보이지만 감사한 일을 찾다 보면 사소한 것까지 보게 된다. 오늘 하루는 물론 나를 둘러싼 사람들의 존재에 감사함을 느낀다.

자신 없는 말을 하는 아이들을 보면 너무 안타깝다. "망했어"라는 말을 입버릇처럼 하는 운진이는 모든 것이 다 안 되었다고 생각한다. 불평불만이 많은 수진이는 자신의 외모, 부모님, 친구 등 모든 것이 다 마음에 들지 않는다. 이런 아이들에게 감사 일기 쓰기는 긍정적인 생각을 심어주며 그 효과 또한 크다.

감사 일기는 매일 쓰는 꾸준함이 중요하므로 길게 쓰기보다는 완전한 한 문장으로 쓰는 방법을 추천한다. 나에게 주어진 모든 것에 감사하는 아이라면 세상을 행복하게 살아갈 수 있지 않을까.

- 오늘 친구와 화해를 해서 기분이 좋습니다. 감사합니다.
- 맛있는 급식을 먹을 수 있어서 영양 선생님께 감사합니다.
- 오늘은 쉬는 시간에 숙제를 다 해서 집에서 숙제가 없습니다. 감사합니다.
- 아침에 머리가 아팠는데 지금은 안 아픕니다. 감사합니다.
- 도덕 시간에 본 동영상에서 아프리카 친구들이 굶고 있는 것을 보니 밥을 차려주시는 엄마에게 감사한 마음이 들었습니다.
- 오늘 선생님이 재미있는 게임을 해주셔서 감사했습니다.
- 체육 시간에 내가 좋아하는 피구를 할 수 있어서 감사합니다. 오늘 게임에서 이긴 것도 감사합니다!

→ 5,6학년의 글. 아주 사소한 것도 감사 일기로 쓸 수 있다.

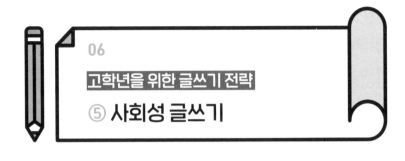

현승이는 친구들과 자주 싸운다. 그러고 나서 상담을 하면 늘 자신이 억울하다고 호소하지만 양쪽의 이야기를 다 들어보면 현승이에게도 분명 잘못이 있다. 친구의 약점을 놀리거나 지나가다가 친구들을 툭툭 치고 다녀 원성이 자자하다. 현승이와 짝이나 같은 모둠이 된 아이들은 하나같이 표정이 좋지 않다. 승부욕이 강해 자기 팀이 게임에서 지면 씩씩거리고, 실수하거나 잘못한 친구를 비난한다. 그래서 현승이의 주변에는 친구가 별로 없다.

현승이 같은 아이를 보고 사회성이 부족하다고 한다. 친구들과 잘 어울리지 못하고 감정 조절에 미숙하며 양보를 하지 않는다. 다른 사람을 이해하거나 공감하지 못한다. 이런 아이는 저학년 때는 친구들과 티격태격하면서도 그런 대로 잘 어울려서 큰 문제가 아니라고 생각할 수도 있지만, 고학년에 올라갈수록 친구들이 서로에 대해 판단하면서 더 외로운 상황에 몰리게 된다.

물론 타고난 아이들도 있지만, 사회성은 경험에 의해서도 충분히 기를 수 있다. 친구와 함께하며 서로 이해하는 경험, 자연스럽게 다른 사람과 의견을 주고받으며 타협하는 경험, 어떻게 말해야 상대방이 기분 좋게 받아들일지 파악하는 경험 등으로 아이들의 사회성은 조금씩 길러진다. 그리고 이러한 사회성 발달의 기회를 글쓰기로 충분히 만들 수 있다.

📘 릴레이로 함께 글쓰기

아이들의 사회성이 부족한 이유는 경험이 없어서일 수도 있고, 부모와의 애착에 문제가 있어서일 수도 있다. 그래서 추천하고 싶은 방법이 '릴레이로 함께 글쓰기'다.

학교에서는 짝이나 모둠 친구들과 함께 쓸 수 있다. 힘을 모아 재미있는 이야기를 만드는 것이다. 릴레이로 돌아가면서 한 문장씩 쓰면 된다. 장난으로 엉뚱한 이야기가 나오지 않게 하고, 분위기가 흐려지지 않도록 말 대신 글로만 쓰라고 미리 안내해야 즐겁고 유익한 활동이 될 수 있다. 문장의 양보다는 질이 우선이다. 한 문장씩 만들되, 앞 내용과 자연스럽게 이어져야 한다.

집에서는 부모님이나 형제자매와 함께한다. 한 문장씩 돌아가면서 쓰면 자연스럽게 웃게 되어 서로에게 애착을 느낄 수 있다. 또 상대방의 글에 내 글을 덧붙이고, 그러고 나서 다시 도움을 받는 형태로 진행되어 긍정적인 관계 형성에도 도움을 받을 수 있다. 가족 간 협동의 경험은 서로에게 좋은 감정을 선물할 것이다.

칭찬 샤워 글쓰기

사회성을 키우려면 친구들을 이해하려는 노력이 필요하다. 특히 친구들과 좋은 관계를 유지하려면 친구의 단점보다는 장점을 찾으려는 마음을 가져야 한다. 사실 많은 아이들이 잘 알면서도 친구의 장점 찾기에 익숙하지 않다. 그러므로 연습이 필요하다.

나는 우리 반 아이들에게 돌아가면서 한 명씩 칭찬의 말을 해준다. 정말 작은 것까지 칭찬거리로 나온다. 칭찬을 하면 모두가 웃는 분위기가 된다. 관계를 좋게 만드는 데 이만큼 효과적인 것이 없다. 칭찬의 주인공은 칭찬을 듣는 일이 어색한지 쑥스러워하면서도 굉장히 즐거워한다. 하루 종일 기분이 좋다. 칭찬은 하는 사람도 행복하고 받는 사람도 행복해지는 일이다.

언젠가 동료 선생님이 『말 샤워의 기적』이라는 책을 추천했다. 책에 나온 말 샤워 중 칭찬 말 샤워 부분이 기존에 하던 활동과 연결되어 학교 현장에서 확대 적용해봤다. 방식은 다음과 같다. 일주일에 한 명씩 칭찬할 친구를 정한다. 무작위로 뽑으면 아이들은 더 재미있어한다. 주인공이 선정되면 그 친구의 장점을 이유와 함께 포스트잇에 적는다. 이때 주장과 근거의 형태로 문장을 완성하도록 조언해줘야 한다. 잘 쓴 아이가 있을 때 공개적으로 읽어주면 어떻게 써야 할지 감을 못 잡는 아이들의 글이 나아진다. 더불어 주인공인 아이가 칭찬받은 기분을 글로 표현하게 한다. 어떤 칭찬이 가장 기분 좋았는지, 어떤 칭찬이 가장 의외였는지, 내가 몰랐던 나의 장점은 무엇인지 등에 대해 구체적으로 질문하면 충분히 잘 쓸 수 있다. 친구의 장점 혹은 칭찬받은 감정을 표현하면서 아이들은 자연스럽게 글쓰기 연습을 할 수 있고 서로 좋은 감정을 가질 수 있다. 친구를 이해하고 긍정적으로 인식하는 것은 사회성 발달에 큰 도움이 된다.

> 칭찬 샤워는 언제나 좋다. 내가 칭찬 샤워 주인공일 때는 칭찬을 받아 기분이 좋고 친구에게 칭찬을 쓸 때는 뿌듯하다.

- 창윤이는 별로 안 친했던 친구라 무슨 칭찬을 해줘야 할지 고민이 돼서 쓰는 데 시간이 오래 걸렸다. 그동안 창윤이랑 별로 친하게 못 지낸 것 같아 아쉬웠다. 앞으로 창윤이와 친하게 지내면서 좋은 점을 찾아봐야겠다.
- 친구들이 써준 포스트잇을 하나하나 읽다 보니 내가 모르던 장점까지 알게 되고 자신감이 생겼다. 집에 오자마자 가족들에게 보여줬다. 나도 친구의 칭찬 글을 좀 더 길고 자세하게 써줘야겠다.
- 오늘 칭찬 샤워를 받아서 기분이 좋았다. 특히 지난주부터 오해 때문에 사이가 좋지 않았던 유진이가 나에게 칭찬 글을 써줘서 너무 기뻤다. 우리는 오늘 화해를 했다. 칭찬을 주고받으면서 안 좋았던 마음들이 눈 녹듯이 사라진 것 같다.

→ 5,6학년의 글. 칭찬 샤워를 마친 소감이다.

🗂 친구 관찰하고 글쓰기

한 달 동안 짝과 옆자리에 앉아도 서로 얼굴을 자세히 보지 않기에 아이들에게 친구 관찰하고 글쓰기를 하자고 했다. 짝의 모습과 행동을 자세히 관찰하고 글로 묘사하는 것이다. 서로 바라보고 관찰하라고 하면 어색하기도 하고 이야기하느라 정작 중요한 관찰을 하지 못할 수도 있으니, 하루 동안 일상에서 관찰하도록 한다. 이렇게만 해도 아이들은 친구에게 관심을 갖고 세세하게 관찰한다.

처음에는 외적인 부분만 짧게 관찰한다. 하지만 하다 보면 친구를 몰래 관찰하는 일에 흥미를 느껴 친구의 구체적인 행동까지 관찰해서 기록하기도 한다. 그러면서 사실 기록과 묘사의 글쓰기를 연습할 수 있다. 그리고 친구를 관찰하면서 친구에 대한 관심이 생겨 조금 더 친밀해진 느낌을 받을 수도 있다.

짝을 관찰해서 글을 쓴 다음에는 대상을 다른 친구로 확대한다. 무작위 뽑기로 관찰할 친구를 선정하는데, 이때 누구인지는 자기만 아는 비밀로 한다. 하루 동안 친구를 몰래 관찰해서 여러 가지를 글로 쓴다. 관찰 글쓰기의 좋은 점은 글쓰기 실력이 뛰어나지 않은 아이들도 쓸거리를 다양하게 만들 수 있다는 것이다. 다 쓴 후에는 글의 주인공이 누군지 밝히지 않고 모여서 읽는다. 이후 나머지 친구들이 누구에 대한 글인지 맞혀본다. 아이들은 자세한 관찰로 친구에게 이전에는 몰랐던 면이 있다는 사실을 알게 되고 또 관심을 갖게 된다.

집에서도 이 방법을 활용해볼 수 있다. 미리 한 친구를 선정한 다음, 학교에서 관찰하고 집에 돌아와 부모에게 그 친구의 특징에 대해 이야기하게 한다. 그런 뒤 글을 쓰면 풍부한 내용으로 쓸 수 있다. 부모는 아이의 글을 보며 같은 반 친구의 이름과 특징을 자세히 파악할 수 있어 일석이조다. 관찰 내용이 다양하지 못할 경우, 부모가 적절한 질문으로 관찰할 거리를 주면 아이는 더 자세히 관찰해 글로 쓸 수 있을 것이다.

〈사회성 글쓰기 – 친구 관찰하고 글쓰기〉(5학년)

○○는 머리가 길고 까맣다. 눈에 쌍꺼풀이 있고 금색 안경을 썼다. 얼굴은 탔는지 많이 까만 편이다. 이마에 큰 여드름이 두 개 있고 좁쌀 여드름도 몇 개 보인다. 조용하고 잘 웃지 않지만 가끔 웃을 때 덧니가 살짝 보인다. 오늘은 흰색 티셔츠를 입었고 청바지를 입었다. 티셔츠에는 파란색 영어가 써 있다.

〈사회성 글쓰기 – 친구 관찰하고 글쓰기〉(6학년)

△△는 옆 분단 바로 앞자리에 앉은 친구다. 나는 쉬는 시간에 친구를 관찰해보았다. 쉬는 시간이 되자 △△는 공책을 꺼내 그림을 그리기 시작했다. 그 그림을 구경하려고 네다섯 명이 △△ 주위로 몰려왔다. 같이 그리기도 하고 웃으면서 그림에 대해 이야기하기도 했다. 쉬는 시간마다 똑같았다. △△의 그림을 좋아하는 친구들이 많은 것 같고 △△의 인기가 좋은 것 같다. 나도 △△의 그림을 구경하고 싶다.

<사회성 글쓰기 – 친구 관찰하고 글쓰기>(6학년)

아침에 □□는 늦어서 뛰어왔는지 숨이 차 하며 자리에 앉았다. 그리고 무슨 책을 읽을지 고민하는 듯 책장에서 책을 보더니 하나를 꺼내서 자리에 앉아서 책을 조용히 읽었다. 1교시 사회 시간이 끝날 때 배움 노트에 배운 내용을 정리하는데 그때 □□ 짝이 연필을 안 가지고 와서 가만히 있자 □□가 필통에서 연필을 꺼내서 빌려주었다. □□는 말이 별로 없는 조용한 친구라 얘기를 많이 안 해봤는데 오늘 친구를 도와주는 것을 보니 좋은 친구 같았다.

📦 나와 친구의 공통점 및 차이점 찾기

나에 대해 아는 것과 친구에 대해 아는 것, 2가지가 함께 이뤄져야 친구와 좋은 관계를 맺고 사회성을 기르는 데 도움이 된다. 그저 나와 친구의 공통점 및 차이점을 찾는 데서 그치지 않고, 친구와의 대화로 충분한 쓸거리를 마련한 뒤 글로 쓴다.

<사회성 글쓰기 – 나와 친구의 공통점 및 차이점 찾기>(5학년)

현정이와 나의 공통점은 안경을 썼고 남자, 여자 중에 키가 가장 작다는 것이다. 또 같은 아파트에 살고 사물함 번호가 짝수다. 둘 다 손가락

을 어딘가에 껴서 다친 적이 있다는 점도 같다. 차이점은 현정이는 언니가 있고 나는 동생이 있다는 것이다. 성별이 다르고 아파트 동도 다르다. 또 실내화 색도 다르고 가방 색도 다르다. 현정이는 발표를 적극적으로 하고 나는 발표를 잘하지 않는다. 현정이는 줄넘기를 3분 이상 못하지만 나는 3분 이상 할 수 있다.

현정이와 친하지 않던 사이였고 이야기를 별로 안 했는데 이렇게 이야기를 하다 보니 현정이에 대해서 알게 되고 친해지는 것 같아 기분이 좋았다. 다음에도 별로 안 친한 친구와 공통점, 차이점을 찾아보면서 친해지고 싶다.

〈사회성 글쓰기 – 나와 친구의 공통점 및 차이점 찾기〉(6학년)

나의 짝 준영이와 나는 공통점이 많다. 태어난 곳이 수원이라는 점이 같고 좋아하는 음식이 고기반찬이라는 것도 같다. 좋아하는 과목도 체육으로 같고 실내화 색도 하얀색으로 같으며 디자인도 비슷하다. 그리고 생일 파티 때 가져온 과자가 빼빼로인 것도 같다. 준영이와 공깃돌도 똑같다.

차이점은 준영이는 수학을 좋아하고 잘하지만 나는 못한다는 것이다. 헤어스타일도 준영이는 파마를 했지만 나는 하지 않았다. 준영이의 가방은 남색이지만 내 가방은 검은색인 것도 다르다. 필통 색도 다르고 이름의 성도 다르다. 준영이는 나보다 키가 크고 안경을 끼지 않았지만 나는 안경을 꼈다.

이렇게 공통점과 차이점을 찾아보니 서로 다른 특징과 공통점이 있다는 것을 알게 되었다. 내가 생각하지 못한 점을 준영이가 찾을 수 있을지 궁금하다.

별것 아닌 것 같지만 아이들은 친구와 이야기를 나누면서 자연스럽게 친구에 대해 더 많이 알게 되어 재미있어했다. 나와 친구의 공통점과 차이점을 하나하나 찾아보면서 친밀감을 갖는 과정, 그리고 그것을 글로 표현하는 과정을 경험할 수 있으니 꼭 해보길 바란다.

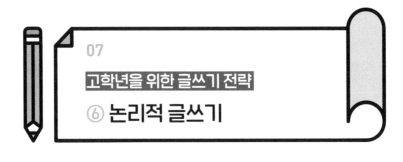

고학년을 위한 글쓰기 전략
⑥ 논리적 글쓰기

스위스의 심리학자인 피아제의 인지 발달 이론은 현재의 교육에도 큰 영향을 미치고 있다. 앞에서도 몇 차례 언급했지만 이 이론에 따르면 아이들은 4단계를 거쳐 인지적으로 발달한다. 1단계는 감각 운동기(0~2세)다. 아이들은 감각 기관을 통해 세상에 대한 정보를 얻고 배워나간다. 실제로 이 시기의 아이들은 손으로 잡고 입에 넣는 등의 활동으로 사물을 인식한다. 2단계는 전 조작기(2~7세)다. 전 조작기 아이들은 자기중심적 태도를 보이고 사물의 크기, 모양, 색 등과 같은 지각적 특징에 의존한다. 3단계는 구체적 조작기(7~11세)다. 자기중심적인 태도에서 벗어나 자신과 상대방의 관점을 이해하기 시작한다. 또 구체적인 사물을 논리적으로 생각하며 순서화할 수 있다.

고학년은 구체적 조작기를 벗어나 형식적 조작기(11세 이상)에 들어간다. 형식적 조작기의 아이들은 구체적인 사물을 넘어 추상적인 대상도 이해할 수 있게 된다. 또 논리적인 추론이 가능해진다. 이것은 상황을 정확히 분석해 내가 가진 지식과 경험에 비춰봤을 때 어떤 전략을 취하는 것이 좋을지 스스로 판단 가능하게 한다. 각 전략의 장단점을 비교하고 그에 따른 결과를 예상해 전략을 수정하는 능력, 메타인지가 아이들의 공부에 큰 도움을 준다. 논리를 바탕으로 스스로 공부 전략을 짜고 시행착오를 거치면서 수정해나가는 것이 바로 자기 주도 학습이다. 고학년 때 글쓰기를 통해 논리적으로 생각하고 표현할 기회를 많이 준다면 아이들은 메타인지 근육을 단련할 수 있다.

🗳️ 임원 선거 연설문 쓰기

학교에서는 학기 초마다 임원 선거를 한다. 아이는 스스로 나서거나 친구들의 추천을 받아 임원 선거 후보가 된다. 자의든 타의든 임원 후보가 된 아이는 친구들 앞에서 연설을 해야 한다. 그런데 사실 하는 말이 거의 비슷하다.

"제가 회장이 된다면 싸우지 않는 행복한 교실을 만들겠습니다."

"제가 부회장이 된다면 회장을 열심히 도와 좋은 학급으로 만들겠습니다."

여기에서 크게 벗어나지 않는다. 그런데 이런 비슷비슷한 연설문 속에서 유난히 빛나는 아이가 있다. 집에서 미리 연설문을 준비해온 아이다. 종이에 자신이 하고 싶은 말을 쓰고 고치고 반복한 뒤 앞에 나와 이야기하면 내용도 풍부하고 나를 뽑아야 하는 이유 또한 분명해진다. 물론 아이에게 임원으로서의 자질이 있는지도 중요하지만, 결국 비슷한 상황일 때 당락을 좌우하는 건 연설문의 내용이다.

연설문은 전형적으로 논리적인 글이다. 왜 내가 임원이 되어야 하는지를 몇 가지 이유를 들어 논리적으로 전달해야 한다. 글이 매끄럽지 않거나 이유가 불충분하면 아이는 선거에서 불리한 상황에 놓인다. 나는 평소에 이런 글을 꼭 써봐야 한다고 생각한다. 실제로 임원 선거에 출마하는지는 중요하지 않다. 아이들은 써보는 경험만으로도 주장하는 글의 구조를 이해할 수 있고, 주장에 대한 근거를 고민해 효율적으로 배치하면서 논리성을 키울 수 있다.

더불어 친구와 연설문을 바꿔 읽는 과정도 큰 도움이 된다. 친구의 글을 읽으면서 뽑고 싶은지 논리적으로 분석해본다. 그리고 진짜 실현 가능한 공약인지도 관찰자의 입장에서 점검해본다. 다른 사람의 글을 읽으면서 논리성을 판단해보는 것도 공부다. 잘 쓴 친구의 글을 읽으며 논리적인 글에 대한 감각을 익힐 수도 있다.

📦 부모님과의 갈등을 해소하는 글쓰기

고학년이 되면 아이들이 사춘기에 접어들면서 부모님과의 갈등이 빚어진다. 특히 스마트폰과 게임 때문에 갈등 상황이 많아진다. 부모님은 새로운 세대인 아이들을 이해하지 못하고 스마트폰과 게임에 푹 빠져 있는 모습을 못마땅해한다. 그리고 아이들은 친구들과 연결되는 방식임에도 자신들의 문화를 이해해주지 못하는 부모님에게 불만이 쌓인다. 이런 상황을 말로만 주고받으면 감정 조절이 안 되어 서로에게 화를 내거나 대화가 중단되거나 갈등의 골이 더 깊어지기 쉽다. 그래서 나는 이럴 때 글로 표현하는 방법을 추천한다.

우리 반에서 그림책 『돌려줘요, 스마트폰』을 읽고 스마트폰을 사용해야 하는 이유에 대해 논리적으로 쓰는 활동을 했다. 고학년 아이들은 '애들 다 하니까 저도 하는 거예요', '엄마도 하잖아'와 같은 말로는 상대방을 논리적으로 설득할 수 없다는 사실을 알고 있기에 다른 구체적인 이유를 찾는다. 그래서 명확한 근거를 제시하며 글을 쓰는데, 이 과정에서 논리적으로 사고할 수 있을 뿐만 아니라 친구의 글에서 잘못된 근거를 찾아내며 비판적 사고력까지 키운다. 부모님들도 스마트폰과 게임을 자제해야 하는 이유에 대해 글로 써서 아이와 바꿔 읽어본다면 서로의 생각을 이해하는 데 큰 도움이 될 것이다.

〈제목: 사춘기에 부모님과의 갈등을 해결하는 방법〉(5학년)

원하는 것이 있어서 말씀드릴 때, 일단 부모님께 화내기보다는 원하는 것을 차근차근 설명해드린다. 부모님께서 반대하시면 "제가 이런 점은 조심할게요"라고 하면서 부모님께서 걱정하시는 것을 안심시킨다.

사실 요즘 부모님께서 내가 원하는 것을 잘 안 들어주시고 무조건 위험하다고 하셔서 서운했는데, 부모님께서 왜 반대하시는지 알려고 하지 않은 것 같다. 부모님께 죄송하다. 앞으로는 부모님께서 반대하실 때 이유를 듣고 서로 좋게 대화를 해야겠다.

〈제목: 사춘기에 부모님과의 좋은 관계를 유지하는 방법〉(6학년)

부모님과 좋은 관계를 유지하며 내가 원하는 것을 전달하려면 부모님께 듣기 좋은 말투로 자신의 의견을 전달해야 한다. 화를 내면서 말하면 부모님도 기분이 나쁘셔서 화를 내실 것이다. 그러면 원하는 것도 전하지 못하고 부모님과의 관계도 틀어질 것 같다. 만약 진지하게 부모님께 내가 원하는 것을 전달하면 부모님도 화를 내지 않으시고 내가 원하는 것을 이룰 수도 있다. 이렇게 방법을 생각하다 보니 앞으로는 원하는 것이 생겨도 절대 부모님께 화를 내지 않고 원하는 것을 천천히 말해야겠다는 생각이 들었다. 이렇게 하지 않으면 자신이 원하는 것을 이루기는커녕 이미 가지고 있는 것도 잃을 수 있다.

이렇게 조금만 생각해봐도 일을 해결하는 방법을 떠올릴 수 있다니 신기하다.

📖 서평 쓰기

초등학생들이 가장 많이 쓰는 글은 일기와 독서록이다. 이 중 독서록을 고학년의 발달 단계에 맞게 적용한다면 '서평 쓰기'일 것이다. 서평은 독서 감상문과 비슷한 듯 다르다. 둘 다 책을 읽고 그에 대한 자신의 생각을 드러내는 글이라는 점은 같다. 하지만 독서 감상문은 주관적인 자신의 생각을 드러내는 글인데 반해 서평은 책에 대한 객관적인 분석의 성격을 띤다. 논리적으로 사고하는 형식적 조작기의 아이들에게 책을 평가해보는 것은 의미 있는 활동이다.

서평이 무엇인지 알려주기 위해 처음에는 내가 쓴 서평을 읽어줬다. 우리 반에서 함께 읽은 책으로 독서 감상문만 썼던 아이들은 '서평'을 처음 접하고는 글의 성격이 다름을 확연히 느꼈다. 아무리 고학년이라도 아이들이 객관적인 분석만을 하기란 쉽지 않으므로 주관적인 감상이 들어가도 너무 엄격하게 제재하는 것은 좋지 않다. 흥미를 갖고 책에 대한 분석 글을 쓰며 논리적인 생각을 하려고 노력하는 과정이 중요한 것이니 서평으로서의 완전함을 기대하기보다는 논리성 자체에 피드백을 줘야 한다.

요즘 아이들은 SNS 활동이 활발하니 SNS에 서평을 올리는 것도 좋다. 그래서 자신의 서평에 대한 피드백을 공개적으로 받는 것도 유의미한 경험이다. 공개적인 피드백에 흥미를 느껴 서평 쓰기를 계속하게 될 수도 있다.

일석이조의 효과, 개사하기

몇 년 전에 5학년 음악 전담을 한 적이 있다. 수업 준비를 하는데, 음악 교과서에 가득한 동요를 보며 가요와 팝송에 더 노출된 아이들이 과연 동요를 어떻게 받아들일지 궁금했다. 역시 일부 고학년 아이들이 동요를 수준이 낮다고 여기는 듯했다. 한창 동요를 배우고 부르면서 동심으로 가득하면 좋을 '초등학생'인데, 너무 일찍 동요에서 멀어지는 모습이 안타까웠다. 그렇다고 음악 시간에 가요를 부를 수도 없고, 동요의 아름다운 운율은 느끼게 해주고 싶고, 참으로 고민스러웠다.

사실 동요는 동시인 경우가 많다. '고향의 봄', '과수원 길', '초록 바다', '파란 마음 하얀 마음' 등 유명한 동요도 원래는 동시였고 나중에 동요가 되었다. 동요는 가사에 반복되는 말이 많고 리듬감(운율)이 있어 입에 자꾸 맴돈다. 가요의 비중이 걷잡을 수 없이 커졌지만, 그럼에도 불구하고 아이들에게 동요의 재미를 알려주고 싶어서 그때부터 '개사하기' 활동을 적극적으로 하기 시작했다. 개사하기의 장점은 동요에 관심 있게 접근하고, 반복해서 부르며, 가사를 유심히 본다는 것이다. 가사를 바꾸면서 계속 혼자 불러보기 때문이다. 또 동요의 리듬과 멜로디는 그대로 둔 채 가사만 자신의 생각에 따라 바꿔보는 정도는 아이들이 글쓰기라고 의식하지 않고 재미있게 할 수 있다. 여기에 숨은 비밀 하나, 아이들은 자유롭게 쓴다고 생각하지만 실은 그렇지 않다. 동요 가사의 글자 수에 맞춰 말을 만들어내려면 머릿속에 있는 단어를 짜내야 한다. 음표 길이에 따라 말을 만들지 않으면 노래할 때 아이들은 뭔가 어색함을 느낀다. 글쓰기의 적절한 조건이 생긴 셈이었다. 동요도 반복해 부르면서 글쓰기 연습도 하는, 일석이조의 효과였다.

이 경험에 착안해 그다음 해 담임으로 아이들을 만났을 때 나는 개사하기를 다른 과목에도 적용했다. 먼저 단원이 끝날 때마다 복습 목적으로 개사를 했다. 아무 노래나 하지 않고 최근 음악 시간에 배운 노래로 했다. 이번 단원에서 중요한 단어를 이용해 노래 가사를 바꾸고 발표를 시켰다. 모둠별로 진행했는데, 아이들의 창의성은 정말 놀라웠다. 여러 명의 메타인지가 동시에 작동하면서 기대 이상으로 잘 만들어냈다. 서로의 생각에 생각이 더해지면서 결과물의 질 또한 높아졌다. 혼자 노래하라고 하면 부끄러워하지만 모둠별로 개사해서 노래 부르는 것은 훨씬 할 만하다. 다른 모둠의 개사를 들으면 반복 학습의 효과도 있다. 가사가 불분명하거나 덜 자연스럽다 해도 글을 써

봤다는 경험과 핵심어를 계속 사용하고 귀로 듣는다는 자체에 큰 의미가 있다. 특히 도덕이나 사회 시간에 캠페인이 나올 때 개사하기를 활용했다. '환경 오염을 줄이자'나 '어린이 보호 구역에서 교통 규칙을 지키자' 등의 내용으로 개사하는 것이다. 어떤 말을 머리로 생각하고 말로 하고 귀로 듣다 보면 자연스럽게 교육이 되기 마련이다. 시민 의식도 키우고 글쓰기도 하는 좋은 기회였다.

개사하기는 쉬운 일이 아니다. 학습 내용을 완전히 이해해야 하며, 그것을 자연스럽게 문장으로 연결해야 한다. 가사 글자 수에 맞춰 글을 쓰고 노래의 범위 내에 중요한 내용을 포함해 쓰는 것은 꽤 난이도가 높다. 학습 내용과 가사를 연결 지어 글로 써내는 이 모든 과정을 해내기 위해서는 메타인지가 활발히 작동해야 한다. 개사하기, 단순해 보이지만 아이들이 재미를 느끼면서 메타인지를 활성화할 수 있는 좋은 방법이다. 개사하기를 아이들과 함께해보면 좋겠다.

5장

메타인지를 키우는
장르별 초등 글쓰기

일기부터 신문 기사까지

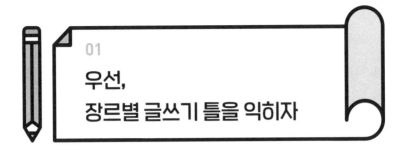

01

우선,
장르별 글쓰기 틀을 익히자

　초등 글쓰기의 대명사는 '일기'와 '독서록'이다. 2가지를 빼고선 초등 글쓰기를 말할 수 없지만, 아이러니하게도 아이들이 제일 쓰기 싫어하는 장르이기도 하다. 수많은 아이들이 가진 일기와 독서록에 대한 부정적인 감정… 이렇게 쓰기 싫어하는데 어떻게 하면 꾸준히 쓰게 할 수 있을지 교사에게도 부모에게도 어려운 숙제가 아닐 수 없다. 아이들도 똑같을 것이다. 아이들에게 일기와 독서록은 숙제일 뿐이다. 숙제니까 하긴 해야 하는데, 첫 문장을 뭐라고 써야 할지 모르겠다. 시작만 하면 뭐라도 쓰겠는데 첫 문장부터 연필이 움직이질 않는다. 중간쯤 가면 갑자기 다른 일이 떠오른다.

그래서 이야기를 전환한다. 어쩌다 보니 제목과 다른 이야기로 흘러버린다. 이제 어느 정도 썼으니 마무리를 해야 하는데 이미 쓰느라 지쳤다. 마지막은 첫 문장만큼이나 어렵다. 그래서 대충 '참 재미있었다'로 끝낸다.

이런 글쓰기 패턴은 비단 일기와 독서록만의 문제가 아니다. 모든 글에서 비슷하다. 아이들의 글을 보다 보면 제목과 내용이 다른 경우가 참 많다. 그리고 내용과는 상관없이 '참 재미있었다'로 끝나는 글도 많다. 글쓰기의 주도권을 내가 잡아야 하는데, 숙제라는 이름에 끌려간다. 아이들이 끌려가는 글쓰기가 아니라 주도적으로 끌고 가는 글쓰기로 바뀌어야 한다. 글을 쓸 때 주도권을 잡으려면 '무엇을', '어떤 순서로' 쓸지가 머릿속에 명확해야 한다. 이때 메타인지가 작동해 글쓰기의 방향을 잡아준다면 얼마나 좋을까? 글을 쓸 때 메타인지가 제대로 작동하려면 글쓰기에 대한 정확한 기준이 있어야 한다. 그래야 옳고 그름이 명확해지고 원활한 피드백이 가능해진다. 하지만 아이들은 글쓰기의 구체적인 기준을 마련하지 못한 상태로, 막연히 아는 지식으로 두서없이 써내려간다. 국어 교과서에 이론적인 내용이 나오지만 실제와 연결하지 못한다. 그렇기 때문에 초등 글쓰기의 틀이 필요하다. 그래야 메타인지가 제대로 작동해 아이들이 주도적으로 글을 쓸 수 있다.

아이들이 글쓰기의 기본을 배우는 과목은 '국어'다. 초등학교의 국어 교과에서는 체계적으로 다양한 장르의 글을 다룬다. 그 내용을 살펴보고 접근하면 배우는 내용과 연계해 글쓰기를 할 수 있어 좋다. 그래서 이번 장에서는 각 글의 장르에 대해 다룰 때 관련된 국어 교과의 내용을 함께 제시했다. 아이가 어떤 순서로, 어떤 내용으로 배우는지 먼저 확인하고 접근하면 효과적이다.

초등학생이 쓰는 글의 장르로는 일기, 독서록, 설명하는 글, 주장하는 글, 편지, 감상문, 신문 기사가 있다. 지금부터 장르별 글쓰기 틀을 이야기하고자 한다. 물론 글쓰기 틀과는 관계없이 술술 쓸수 있으면 좋겠지만, 그것이 힘든 아이들에게는 글쓰기 틀을 지도하는 것이 좋다. 처음에는 글쓰기 틀을 참고해 적용한 뒤, 반복해서 쓰면서 자연스럽게 머릿속에 그 틀이 장착될 수 있도록 진행한다. 그리고 기본 글쓰기 틀을 토대로 아이들이 주제와 상황에 따라 유연하게 응용하는 단계로 발전해가는 것을 목표로 삼으면 된다. 물론 아이마다 다르지만, 일정한 틀이 주어질 때 편하게 글을 쓰는 아이들이 많기에 틀을 제시하는 것이다. 다만 어디까지나 글쓰기 틀은 참고용이다. 아이가 글쓰기 틀 없이도 잘 쓴다면 억지로 적용할 필요는 없다.

거듭 강조하지만 아이들의 글쓰기에는 부모와 교사의 역할이 중요하다. 그냥 쓰라고만 하는 대신 아이들의 글쓰기에 유의미한 질문을 한다. 적절한 질문은 아이들의 기억을 되살려 쓸거리를 찾는 데 큰 도움이 된다. 그리고 피드백은 글 쓰는 아이들의 손을 춤추게 한다. 관심을 바라는 아이들의 심리를 기억하는가? 일방적인 평가 대신 끊임없이 읽고 공감해주는 피드백은 아이들의 꾸준한 글쓰기에 언제나 필요하다. 이 과정에서 아이와 부모의 대화도 늘고 유대감도 깊어진다.

초등학생 누구나 잘 쓸 수 있다. 메타인지가 작동하는 기준을 세운다면 어렵지 않게 다양한 장르의 글쓰기가 가능하다. 글에 대한 틀과 기준을 갖춘 아이는 글을 읽을 때도 같은 기준의 메타인지가 작동한다. 아는 만큼 보이는 법이다. 교과서를 비롯해 아이들이 배울 수 있는 모든 글이 아이들 손안에 들어온다. 짧은 시간만 공부해도 큰 효과를 내는 아이들의 비결을 여기에서 찾을 수 있다. 지금부터 장르별 글쓰기로 차근차근 메타인지를 키워보자.

기본 글쓰기 틀

4개의 문단이 기본이다. 학년에 따라, 개인별 글쓰기 수준에 따라 조절하되, 잘 모르겠으면 4개의 문단을 기본으로 한다. 1문단은 처음, 2~3문단은 가운데, 4문단은 끝부분이다. 비율은 1:2:1 혹은 1:3:1 이상이 되어야 글의 형태가 안정적이다. 당연히 필요에 따라 변형 가능하다.

처음	가운데		끝
1문단	2문단	3문단	4문단

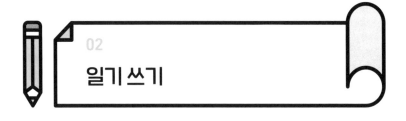

02

일기 쓰기

🎁 국어 교과 관련 내용

교과	단원	학습 성격	학습 내용
1–2 국어–나	9. 겪은 일을 글로 써요	준비 학습	• 글쓴이가 겪은 일 알기
		기본 학습	• 겪은 일이 잘 드러나게 말하기
		기본 학습	• 겪은 일에 대한 생각이나 느낌 말하기
		기본 학습	• 겪은 일이 잘 드러나게 글쓰기
		실천 학습	• 가장 쓰고 싶은 일을 일기로 쓰기

2-1 국어-가	6. 차례대로 말해요	준비 학습	• 일이 일어난 차례 살피기 (엄마에게 하루 동안 있었던 일 말씀드릴 때, 친구에게 재미있는 이야기를 들려줄 때 등)
		기본 학습	• 차례를 나타내는 말을 생각하며 이야기 듣기(시간을 나타내는 말-아침, 어제, 토요 일, 봄 등)
		기본 학습	• 일이 일어난 차례를 생각하며 말하기
		기본 학습	• 겪은 일을 차례대로 글로 쓰기 (시간을 나타내는 말 사용하여 글쓰기)
		실천 학습	• 미래 일기 쓰기 (주말에 하고 싶은 일 글 쓰기)
2-2 국어-가	2. 인상 깊었던 일을 써요	준비 학습	• 인상 깊은 일이 무엇인지 알기
		기본 학습	• 인상 깊었던 일을 글감으로 고르고 쓸 내용 떠올리기
		기본 학습	• 인상 깊었던 일을 떠올리며 겪은 일을 차례대로 정리하기
		기본 학습	• 인상 깊었던 일을 생각이나 느낌이 잘 드러나게 글로 쓰기
		실천 학습	• 인상 깊었던 일을 쓴 글로 책 만들기
3-2 국어-가	3. 자신의 경험을 글로 써요	준비 학습	• 기억에 남는 일에 대해 이야기 나누기
		기본 학습	• 자신의 경험에서 인상 깊은 일을 글로 쓰는 방법 알기
		기본 학습	• 인상 깊은 일로 글쓰기
		기본 학습	• 자신이 쓴 글을 고쳐 쓰기
		실천 학습	• 우리 반 소식지 만들기

5-1 국어-가	4. 글쓰기의 과정	준비 학습	• 문장을 구성하는 성분 알기
		기본 학습	• 쓸 내용 떠올리기
		기본 학습	• 떠올린 내용 조직하고 글로 나타내기
		기본 학습	• 호응 관계가 알맞은 문장 쓰기
		실천 학습	• 자신의 생각을 글로 나타내기
5-2 국어-가	4. 겪은 일을 써요	준비 학습	• 호응 관계를 생각하며 겪은 일이 드러 난 글 읽기 ※ 글쓰기 과정: 계획하기-내용 생성하기- 내용 조직하기-표현하기-고쳐 쓰기
		기본 학습	• 문장 성분의 호응 관계 알기
		기본 학습	• 겪은 일이 드러나게 글쓰기 ※ 글머리 시작하는 방법: 날씨 표현으로 시작하기, 대화 글로 시작하기, 인물 설 명으로 시작하기, 속담이나 격언으로 시작하기, 의성어나 의태어로 시작하기, 상황 설명으로 시작하기
		기본 학습	• 매체를 활용해 겪은 일이 드러나는 글 쓰기
		실천 학습	• 우리 반 글 모음집 만들기

일기는 매일 겪은 일이나 생각과 느낌을 적는 개인의 기록이다. 하지만 초등학생에게 일기는 입학부터 졸업까지 부담스러운 숙제일 뿐이다. 일기에 대해 보다 장기적인 관점으로, 아이의 인생에서 필요한 글쓰기로 바라보면 좋겠다.

하루 중에서 가장 기억에 남는 중요한 일을 골라 깊이 있게 생각하고 문장을 만들어내는 경험이 쌓이면 공부한 내용에서 중요한 것을 가려낼 수 있는 능력, 선생님의 말에서 중요한 포인트를 잡아낼 수 있는 능력으로 발휘될 수 있다. 또한 친구의 말에서 집중할 부분을 찾는 능력, 인터넷의 많은 정보들 중 꼭 필요한 것을 찾는 능력 등으로 전이될 수 있다. 일기를 꾸준히 쓰면 이처럼 간접적인 효과까지 경험할 수 있을 것이다.

📦 일기 검사는 과연 필요할까

교사는 '일기 검사'라는 이름으로 아이들의 일기를 확인한다. 사실 일기 검사를 둘러싼 부정적인 의견이 많다. 먼저 현재 초등학교의 일기 쓰기는 강제적·획일적으로 이뤄져 숙제라는 인식이 커서 본래 목적을 잃었다는 것이다. 그리고 아이들의 사생활을 침해하는 행위라 없어져야 한다는 의견이다. 그래서인지 몇 년 전 학교에서 일기 검사를 자제하라는 전달이 내려왔고, 열심히 일기 지도를 하던 교사들은 내려놓게 되었다.

그동안 나 또한 열심히 일기 지도를 해왔다. 일기를 매일 쓰게 했는데, 처음에 아이들은 귀찮아하고 싫어했지만, 습관의 힘 때문인지 점차 익숙해졌다. 글쓰기 실력도 점점 늘었다. 짧은 글도 힘들어하던 아이들이 어느새 10줄 이상 쓰기쯤은 별것 아닌 일이 되어버렸다. 한 일의 나열보다는 자신의 생각과 느낌이 많은 일기가 되어갔고, 표현 또한 자세하고 섬세해졌다. 맞춤법을 반복적으로 틀릴 때는 수정해줬는데, 시간이 지날수록 점점 개선되어갔다.

나는 무엇보다 코멘트를 열심히 썼다. 코멘트는 아이들과 소통하는 좋은 통로가 되었다. 물론 눈을 바라보며 직접 대화하는 게 가장 좋지만, 교실 안에 많은 아이들이 있기에 모두와 세세한 이야기를 나누기란 현실적으로 쉽지 않다. 아이들은 일기장을 받으면 얼른 펼쳐서 코멘트부터 읽어볼 정도로 좋아했다. 가끔은 선생님에게 직접 하지 못하는 말을 글로 전하기도 했다. 글에서 아이의 힘든 마음이 느껴질 때는 불러서 상담하고 조언해서 문제를 함께 해결해나갔다. 왕따 문제를 조기에 발견한 적도 많았고, 우울증인 아이의 감정 분출구가 되어 마음을 지켜주기도 했다. 아이들이 방과 후에 무엇을 하는지, 요즘 어떤 생각을 하는지를 알고, 가족 및 친구 관계를 파악하는 데도 도움이 많이 되었다.

일기 지도를 반대하는 의견은 충분히 이해하지만, 사실 글쓰기의 일상화, 생활 지도, 아이들과 교사의 소통 등 순기능이 더 많다. 비밀 일기를 쓰면 반을 접어 내용을 가린 후에 내라고 해서 약속대로 절대 읽지 않았다. 이렇게 사적인 글쓰기를 보장하려고 노력했다. 물론 한계는 있겠지만 다양한 방법으로 단점을 보완할 수 있다고 생각한다.

일기는 아이들이 하루를 정리하고 생각과 느낌을 글로 표현하는 연습을 할 수 있는 가장 좋은 도구다. 학교에서 적극적으로 진행하지 못하는 상황이라 가정에서 특히 더 활용하면 좋겠다. 아이의 하루를 살펴볼 수 있고 아이의 고민이나 생각까지 알 수 있으니 얼마나 좋은가? 댓글로 아이와 소통하는 것도 참 좋다.

📘 일기 쓰는 시간

보통 일기는 하루를 마치고 그날의 일을 떠올리며 쓰는 것이라 알고 있다. 하루 동안의 일을 되돌아보며 기뻤던 일은 상기하고 잘못했던 일은 반성하며 새로운 계획을 세우는 것이 일기 쓰기의 기본적인 목적이다. 하지만 이뿐만이 아니다. 일기 쓰기의 목적은 감사일 수도 있고, 기록일 수도 있으며, 상상일 수도 있다.

일단 일기를 쓰는 시간이 자기 전이어야 한다는 편견을 버려야한다. 우리 반 아이들은 일기를 쉬는 시간에도 쓰고 아침에도 쓴다. 아이들이 목적과 내용에 따라 언제든 일기를 쓸 수 있다는 사실을 알아야 미루지 않고 쓸 수 있다. 밤에 자기 전에 쓰려고 하면 졸리고 귀찮아서 쓰기가 싫어질 수도 있기 때문이다.

일기 쓰는 목적과 내용 정하기

오늘은 어떤 목적의 일기를 쓸 것인가? 초등학생들이 쉽게 쓸 수 있는 일기로는 하루 일과를 쓰는 일과 일기, 오늘 하루 감사한 일을 쓰는 감사 일기, 무한한 상상의 나래를 펼치는 상상 일기, 대상을 자세히 관찰해서 쓰는 관찰 일기, 오늘 수업 시간에 배운 내용을 복습하며 쓰는 배움 일기 등이 있다.

이 중에서 가장 흔히 쓰는 일기는 '일과 일기'다. 주로 하루의 일을 되돌아보고 반성하는 내용을 쓴다. 그런데 이렇게만 쓰면 아이들이 일기 쓰기를 지루해하고 매일 비슷한 일상이어서 무엇을 써야 할지 고민하게 된다. 이때 요일별로 주제를 정해 돌아가면서 쓰면 지루함을 덜 수 있다. 매일 하루 일과를 쓰되, 특별한 일이 없을 때는 다른 주제의 일기를 쓴다.

우리 반은 감사 일기를 쓴다. 매일 수업을 마친 후 알림장을 쓰고 나서 그 아래에 간단히 감사 일기를 쓰는 것이다. 한두 줄뿐인데도 아이들은 오늘 누구에게 감사할지 생각하게 된다. 그리고 감사한 일을 글로 쓰면서 마음이 따뜻해지고 행복함을 느낀다. 일상에서 감사한 일을 찾으면 만족감 또한 느낄 수 있으니 부모와 아이가 함께 쓰면 더 좋을 것이다.

그런가 하면 배움 일기도 만족도가 높았다. 하루만 지나도 배운 내용을 잊어버리는데, 중간중간 배운 내용을 떠올리며 일기로 쓰는 활동은 글쓰기 연습에 더해 복습 효과까지 톡톡히 준다. 배움 노트와의 차이점은 배움 일기는 배운 내용 자체보다는 자신이 배움으로써 생각한 점과 느낀 점을 중심으로 써야 한다는 것이다.

📦 일기 쓰는 방법

일기를 쓰려면 주제를 정해야 한다. 오늘 하루 동안의 일을 떠올리는데, 아이들은 쓸 게 없다고 말하곤 한다. 이럴 때는 아이가 기억을 상기시킬 수 있도록 대화를 나누면 좋다. 그러다 보면 무엇을 써야 할지 자연스럽게 선택할 수 있다. 가장 흔히 사용하는 방법은 하루 동안의 일을 나열하는 것이다. '아침 7시 30분에 일어나서 학교에 갔다. 4교시 수업을 마치고 집으로 돌아왔다. 집에 와서 간식을 먹고 학원에 갔다. 학원에 갔다가 돌아와서 저녁을 먹고 TV를 보다가 지금 일기를 쓰고 있다'와 같은 일기가 꽤 많다. 제목은 '하루 일과'이며 매일 비슷한 내용이다. 물론 일기를 쓰는 것만으로도 대견스럽지만, 이런 일기는 좋은 글이 아니다.

　일기는 단순한 기록을 넘어 생각을 담아야 한다. 그리고 그날 한 일을 모두 쓰기보다는 인상적인 일 하나를 골라 자세히 쓰는 것이 좋다. 주제를 잘 고르기 위해서는 앞서 언급했듯 부모나 교사가 대화를 통해 도움을 준다. 날씨를 주제로 써도 좋고, 동생과 싸워서 속상했던 마음을 주제로 써도 좋다. 오늘 수업 전체를 쓸 필요 없이 제일 재미있었던 시간에 대해서만 자세히 쓰면 된다. 하나에 중점을 둬야 제목을 정하기도 쉽다. '하루 일과'처럼 재미도 초점도 없는 제목 대신 '제멋대로인 동생이 너무 미워!', '엄마에게 칭찬받았어요' 등과 같이 구체적이고 뚜렷한 방향이 드러나는 제목을 짓는다. 그러고 나서 일기를 다 쓴 다음에 제목과 내용이 어울리는지 스스로 살펴보게 한다. 아이들의 일기를 살펴보다 보면 제목과 내용이 맞지 않는 경우가 많다. 아무 생각 없이 제목을 정하고 내용을 쓰다 보니 이 이야기 저 이야기 중구난방으로 되어버린 것이다. 그러므로 반드시 무엇을 쓸지 생각하고 일기를 써야 한다.

일기 쓰기 틀 한눈에 보기

	처음	가운데		끝
	1문단	2문단	3문단	4문단
기본 틀	전체적인 설명	일① + 이유, 느낌	일② + 이유, 느낌	정리
시간 순서	오늘 있었던 일 중에 가장 기억에 남는 일 소개	시간①의 일 + 이유, 느낌	시간②의 일 + 이유, 느낌	• 전체적인 생각과 느낌 • 오늘의 반성과 앞으로의 다짐, 계획
장소 순서		장소①의 일 + 이유, 느낌	장소②의 일 + 이유, 느낌	

일기 쓰기 틀 ① 기억에 남는 일과 이유 쓰기

1문단	2문단	3문단	4문단
전체적인 설명 (오늘 있었던 일 중에 가장 기억에 남는 일 소개)	기억에 남는 일① + 이유, 느낌	기억에 남는 일② + 이유, 느낌	정리 (전체적인 생각과 느낌, 오늘의 반성과 앞으로의 다짐, 계획)
나는 오늘 학교에서 체육 시간에 피구를 한 것이 가장 재미있었다.	평소에 하는 방식과 다른 부활 피구를 했는데, 정말 운 좋게 부활이 2번이나 되어 기분이 좋았다.	그리고 내가 아깝게 공을 맞았는데 친구들이 괜찮냐고 걱정해줘서 너무 고맙고 기분이 좋았다.	다음에 부활 피구를 또 하면 더 잘할 수 있을 것 같다. 또 체육 시간에 부활 피구를 하면 좋겠다.

일기 쓰기 틀 ② 기억에 남는 일을 시간·장소의 순서로 쓰기

1문단	2문단	3문단	4문단
※ 기본 틀 참고	〈시간①〉 기억에 남는 일① + 이유, 느낌	〈시간②〉 기억에 남는 일① + 이유, 느낌	※ 기본 틀 참고
오늘은 가족들과 계곡에 갔다.	계곡에서 자리를 잡고 준비해온 음식들을 먹으며 이야기를 나누었다. 계곡에서 먹으니 더 맛있었다.	다 먹은 뒤 동생과 계곡물에 발을 담그고 물장난을 쳤다. 날씨가 더웠는데 시원하고 재미있었다.	오늘 여행은 나에게 정말 잊지 못할 추억이 될 것이다. 다음에 또 가고 싶다.
※ 기본 틀 참고	〈장소①〉 한 일과 그때의 생각, 느낌	〈장소②〉 한 일과 그때의 생각, 느낌	※ 기본 틀 참고
오늘은 학교 끝나고 친구들과 함께 신나게 놀았다.	우리는 학교 끝나자마자 운동장에서 축구를 했다. 오랜만에 하는 축구였는데 내가 1골을 넣어서 너무 기뻤다.	축구 게임이 끝나고 슈퍼로 가서 아이스크림을 사 먹었다. 땀이 많이 나고 더웠는데 꿀맛이었다.	학원 시간이 다 되어 더 놀지 못해 아쉬웠지만 참 즐거웠던 오후였다.

일기를 풍부하게 쓰는 방법

일기에는 그날 한 일과 사실보다는 아이의 생각과 느낌이 많이 담기는 것이 좋다. 그리고 '참 재미있었다', '다음에도 또 하고 싶다'처럼 너무 흔한 표현보다는 자신만의 개성이 드러나는 표현을 쓰도록 한다. 처음부터 특색 있는 문체와 표현을 바라는 대신 아이가 쓴 문장에 표현을 덧붙여가면 좋다. 그래서 일기를 쓸 때 한두 줄씩 여백을 남겨 수정할 수 있게 한다.

일기: '아침에 일어나서 학교에 갔다.'

엄마: 학교에 갈 때 어떤 기분이었어?

아이: 늦잠을 자서 혹시 늦을까 봐 조마조마했어.

엄마: 그럼 그런 마음을 더 써보면 어때?

일기: '아침에 늦잠을 자서 늦을까 봐 조마조마한 마음으로 학교에 뛰어갔다.'

엄마: 학교에는 어떻게 뛰어갔어?

아이: 정말 늦지 않고 싶어서 헐레벌떡 뛰어갔어.

일기: '아침에 늦잠을 자서 늦을까 봐 조마조마한 마음으로 학교에 헐레벌떡 뛰어갔다.'

[국어 교과 관련 내용]

교과	단원	학습 성격	학습 내용
1-2 국어-가	3. 문장으로 표현해요	준비 학습	• 알맞은 말을 넣어 문장 만들기
		기본 학습	• 문장 부호의 쓰임을 알고 문장을 바르 게 쓰기
		기본 학습	• 생각을 문장으로 나타내기
		기본 학습	• 여러 개의 문장으로 표현하기
		기본 학습	• 받침에 주의해 문장 쓰기
		실천 학습	• 글을 읽고 생각이나 느낌을 문장으로 쓰기
2-1 국어-나	9. 생각을 생생하게 나타내요	준비 학습	• 꾸며주는 말을 사용하면 좋은 점 알기 (예: 주룩주룩, 후드득 등)
		기본 학습	• 꾸며주는 말을 사용해 짧은 글쓰기
		기본 학습	• 주요 내용을 확인하며 글 읽기 (+띄어 읽기)
		기본 학습	• 자신의 생각을 나타내는 짧은 글쓰기
		실천 학습	• 문장 만들기 놀이하기

아이들의 표현은 어른보다 훨씬 신선하고 창의적이다. 급식 시간에 해물탕에 들어 있던 미더덕 이름이 생각나지 않아 "오줌 나오는 거!"라고 표현한 도빈이의 말에 모두 재미있어서 한바탕 웃었던 기억이 난다. 아이들에게 비유나 자세한 설명을 가르쳐주면 글이 훨씬 풍성해진다. 아이들이 쓴 글에 '~처럼, ~같이' 또는 '어

떻게?'에 해당하는 표현을 덧붙이도록 피드백하자. 아이가 자연스럽게 수정할 수 있도록 대화를 하면 된다.

> 일기: '농장에 가서 준비한 풀을 토끼에게 주었다.'
> 엄마: 토끼가 어떻게 먹었어?
> 아이: 오물오물 아기처럼 받아서 먹었어.
> 엄마: 풀은 어떤 종류였어?
> 아이: 봉지에 '건초'라고 쓰여 있었어.
> 엄마: 토끼가 네가 주는 건초를 먹으니 어땠어?
> 아이: 엄마가 된 것 같았어. 잘 먹으니 기분도 좋고.
> 일기: '농장에 가서 준비한 건초를 토끼에게 주었다. 토끼는 아기처럼 오물오물 풀을 먹었다. 토끼의 엄마가 된 것 같아 기분이 좋았다.'

아이들은 집 안에서 있었던 일에 대해 솔직하게 쓰곤 한다. 특히 저학년은 부모님의 다툼이나 엄마 아빠가 지나치듯 한 이야기까지 쓰는 경우가 있다. 그리고 자신의 시선으로 바라본 집 안 풍경을 그대로 쓰기 때문에 가끔은 당황스러울 때가 있다. 하지만 그렇다고 쓰지 못하게 하고 바꾸라고 하는 것은 아이의 표현 활동을 막는 일이다. 고학년이 되면 자연스럽게 분별해서 쓰니 너무 걱정할 필요가 없다. 혹시 아이가 엄마 아빠에 대한 부정적인 시선을 일기에서 표현했다면 피드백으로 오해를 풀고 상황을 설명하는 것이 좋다. 아이들의 솔직한 일기로 인해 부모로서 말과 행동을 더 조심하게 되는 것은 어쩌면 큰 장점이다.

사실 대화를 하면서 일기를 수정하는 일련의 활동은 부모에게 쉽지 않다. 일주일에 한 번만이라도 아이와 함께하면 그것으로 충분하다. 부모님이 내 일기에 관심이 있으며 피드백을 해준다고 의식하는 것만으로도 아이는 조금 더 신경 써서 일기를 쓰게 될 것이다. 그리고 이 과정이 쌓여 글쓰기 습관이 된다.

일기가 사적인 글은 맞지만, 요즘 블로그와 인스타그램을 비롯한 SNS의 일상 글도 누군가를 의식하고 쓰는 것임에 비춰볼 때 부모가 아이의 일기를 대화의 도구로 이용하는 정도는 괜찮다고 생각한다. 아이가 거부감을 갖지 않도록 충분히 대화해서 일기 공유에 대한 동의를 얻으면 된다. 어떻게 활용하느냐에 따라 일기 지도는 행복하고 유익한 시간이 될 것이다.

그림일기 쓰기

그림일기는 초등 저학년이 쓰는 대표적인 일기 형식이다. 그림일기는 말 그대로 그림과 글로 하루 동안의 일을 쓰는 것이다. 초등학교에 갓 입학한 1학년 아이들은 1학기 동안 한글 공부를 한

다음, 간단한 문장 쓰기를 배운다. 아직 여러 문장을 자유자재로 쓰지 못하고 짧은 글쓰기 수준이라 이를 보완하는 그림을 덧붙이는 것이다. 1학년 1학기 국어 마지막 단원이 '그림일기를 써요'다.

[국어 교과 관련 내용]

교과	단원	학습 성격	학습 내용
1-1 국어-나	9. 그림일기를 써요	준비 학습	• 하루 동안에 일어난 일 말하기
		기본 학습	• 그림일기 읽기
		기본 학습	• 그림일기를 쓰는 방법 알기
		기본 학습	• 겪은 일을 그림일기로 쓰기
		실천 학습	• 그림일기에서 잘된 점 말하기

표현 활동은 말과 글을 통해 이뤄진다. 글보다는 말로 하는 표현이 빠르고 쉽다. 그래서 글쓰기에 익숙하지 않은 저학년 아이들의 경우, 일기를 쓰기 전에 대화를 통해 오늘 있었던 일을 말로 표현해본 뒤, 그중에서 특별한 이야깃거리를 골라 글로 쓰도록 하면 좋다. 말로 자유롭게 표현한 다음에 글로 쓰면 더 잘 쓴다. 교과서도 이 순서로 활동이 전개된다. 먼저 하루 동안 일어난 일을 시간 순서대로 말한다. 그리고 그림일기 예시를 보면서 그림일기가 어떻게 생겼는지, 어떤 내용을 담아야 하는지 살펴본다.

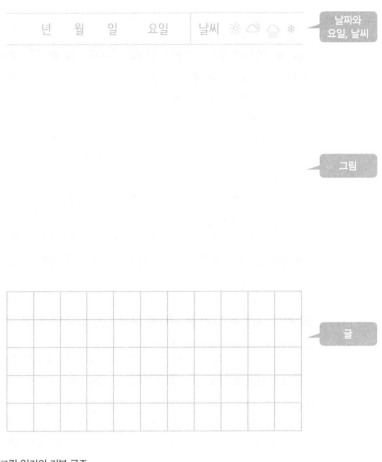

년   월   일   요일   날씨   ☀ ☁ ☂ ❄

날짜와
요일, 날씨

그림

글

✎ 그림 일기의 기본 구조.

그림일기의 기본 구조를 이해한 뒤 본격적으로 쓰는 방법을 배운다. 처음 일기를 쓰는 아이들에게는 일기가 숙제나 부담으로 인

아이가 쓴 그림일기.

식되지 않도록 접근해야 한다. 교과서에 제시된 그림일기 쓰는 순서는 다음과 같다.

① 하루 동안에 겪은 일 떠올리기

② 기억에 남는 일 고르기

③ 날짜와 요일, 날씨 쓰기

④ 그림을 그리고 내용 쓰기

⑤ 쓴 것을 다시 읽고 다듬기

부모와 아이가 함께 서로의 일상을 그림일기로 표현한 뒤 바꿔서 보면 어떨까? 그림일기는 어린아이들이나 쓰는 형식으로 생각할 수도 있지만, 때에 따라서는 글보다 그림이 더 많은 이야기를 담을 수도 있다. 부모가 겪은 일이나 감정을 그림일기로 써서 보여준다면 아이는 부모와 일상을 공유할 수 있을 뿐만 아니라 일기 쓰기에 더 흥미를 가질 것이다. 부모만 아이의 일상이 궁금한 것이 아니라 아이도 부모의 일상이 궁금하다는 사실을 기억하자.

일기를 쓰면 중요한 일과 그날 그때의 생각과 느낌을 오래 기억할 수 있다. 보통 귀찮고 쓰기 싫어하지만 이럴수록 아이가 숙제가 아닌 내 삶의 기록이자 성장 일지로써 일기를 쓸 수 있도록 옆에서 독려해줘야 한다. '안네의 일기', '난중일기' 등을 읽으면 그 시대의 분위기나 역사적 사실을 확인할 수 있다. 지금 쓰는 일기가 미래의 어느 시점에서 과거의 기록물로 사용될 수 있다고 이야기해주면 좀 더 책임감을 갖고 진지하게 쓸 것이다.

TIP

일기를 쉽게 쓰는 방법

글을 쓰기 싫어하는 아이들은 문어체를 낯설어한다. 정돈되었지만 딱딱해서 문어체를 어렵게 느끼기도 한다. 이런 아이들에게는 글은 '말하듯이'

쓰면 된다는 점을 강조한다. 잘 쓴 글은 읽기 쉬운 글이다. 아이들이 자신의 수준에서 친구에게, 혹은 동생에게 말하듯이 쓰면 좀 더 쉽게 글쓰기에 접근할 수 있지 않을까? 일기를 쓸 때 동생에게 설명하는 것으로, 혹은 선생님에게 이야기하는 것으로 설정하자.

〈제목: 외가 친척들과 계곡을!〉(4학년)

저는 전에 안양 근처 계곡에 갔습니다. 막내 이모네 가족, 할머니, 우리 가족과 갔습니다.

저는 물총을 가지고 오빠들, 동생들과 놀고 엄마는 물고기를 잡으셨습니다. 이모와 할머니는 돗자리에서 이야기를 나누고 계셨습니다

저는 처음에는 옷에 물을 안 묻히려고 했는데 결국은 묻히고 말았습니다. 다행히 탈의실과 샤워실이 있어서 씻고 나왔는데 정말 재미있었습니다.

선생님도 여기에 꼭 가보세요.

또 다른 방법은 큰따옴표를 이용해서 대화 내용을 쓰는 것이다. 중요한 대화의 경우 큰따옴표를 그대로 살리면 실감 나고 재미있게 상황을 전달할 수 있다. 아이들은 글줄이 자꾸 바뀌는 경험을 하면서 자신감도 생기고 성취감도 커질 것이다.

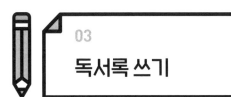

03

독서록 쓰기

 국어 교과 관련 내용

교과	단원	학습 성격	학습 내용
1-2 국어-가	1. 소중한 책을 소개해요	준비 학습	• 책을 읽은 경험 말하기
		기본 학습	• 글을 읽고 재미있는 부분 찾기
		기본 학습	• 글을 읽고 새롭게 알게 된 점 말하기
		기본 학습	• 낱말의 받침에 주의하며 글쓰기
		기본 학습	• 여러 가지 모양의 책 읽기
		실천 학습	• 재미있게 읽은 책 소개하기

2-1 국어-나	11. 상상의 날개를 펴요	준비 학습	• 인물의 모습을 떠올리며 이야기 듣기
		기본 학습	• 이야기를 읽고 인물의 마음 짐작하기
		기본 학습	• 인물의 마음에 어울리는 목소리로 이야기 읽기
		기본 학습	• 이야기에 대한 생각과 느낌을 글로 쓰기
		기본 학습	• 인물 카드 만들기
		실천 학습	• 인물의 마음을 생각하며 역할놀이하기
2-2 국어-가	1. 장면을 떠올리며	준비 학습	• 기억에 남는 시나 이야기 소개하기
		기본 학습	• 시를 읽고 생각이나 느낌 말하기
		기본 학습	• 이야기를 읽고 장면을 떠올려 말하기
		기본 학습	• 이야기를 읽고 생각이나 느낌 말하기
		실천 학습	• 시나 이야기를 찾아 읽고 여러 가지 방법으로 전하기
	4. 인물의 마음을 짐작해요	준비 학습	• 글에 나오는 인물의 마음 알기
		기본 학습	• 글에 나오는 인물의 마음을 짐작하는 방법 알기
		기본 학습	• 글을 읽고 인물의 마음 짐작하기
		기본 학습	• 글을 읽고 인물에게 하고 싶은 말 쓰기
		실천 학습	• 인물의 마음을 생각하며 글쓰기

2-2 국어-나	7. 일이 일어난 차례를 살펴요	준비 학습	• 이야기에 나오는 인물의 모습 상상하기
		기본 학습	• 인물의 모습을 상상하는 방법 알기
		기본 학습	• 이야기를 듣고 인물의 모습 상상하기
		기본 학습	• 이야기를 읽고 일이 일어난 차례대로 이야기의 내용 말하기
		실천 학습	• 일이 일어난 차례대로 이야기 꾸미기 (뒷이야기 상상하기)
3-1 국어-나	10. 문학의 향기	준비 학습	• 재미있게 읽었거나 감동받은 책 소개하기
		기본 학습	• 재미나 감동을 느낀 부분을 생각하며 시 읽기
		기본 학습	• 이야기를 읽고 재미나 감동을 느낀 부 분 찾기
		기본 학습	• 만화 영화를 보고 재미와 감동 표현하기
		실천 학습	• 우리 반 독서 잔치 열기
3-2 국어-가	4. 감동을 나타내요	준비 학습	• 감각적 표현을 사용해 느낌 나타내기
		기본 학습	• 시를 읽고 여러 가지 감각적 표현 말하기
		기본 학습	• 시를 읽고 재미나 감동 나누기
		기본 학습	• 이야기를 읽고 생각이나 느낌 표현하기
		실천 학습	• 느낌을 살려 시 쓰기
3-2 국어-나	7. 글을 읽고 소개해요	준비 학습	• 글을 읽고 다른 사람에게 소개한 경험 나누기
		기본 학습	• 여러 가지 방법으로 책 소개하기
		기본 학습	• 독서 감상문에 대해 알기
		실천 학습	• 독서 감상문으로 우리 반 꾸미기

4-1 국어-가	2. 내용을 간추려요	준비 학습	• 들은 내용 간추리기
		기본 학습	• 글의 내용을 간추리는 방법 알기
		기본 학습	• 이야기의 흐름에 따라 내용 간추리기
		실천 학습	• 글의 전개에 따라 내용 간추리기
4-2 국어-가	4. 이야기 속 세상	준비 학습	• 이야기를 읽어 본 경험 말하기
		기본 학습	• 인물, 사건, 배경을 생각하며 이야기 읽기
		기본 학습	• 인물의 성격을 짐작하며 이야기 읽기
		기본 학습	• 사건의 흐름을 생각하며 이야기 읽기
		실천 학습	• 이야기를 꾸며 책 만들기
4-2 국어-나	7. 독서 감상문을 써요	준비 학습	• 읽은 책에 대한 생각이나 느낌 말하기
		기본 학습	• 독서 감상문을 쓰는 방법 알기
		기본 학습	• 글을 읽고 감동받은 부분에 대한 생각 이나 느낌 쓰기
		기본 학습	• 글을 읽고 독서 감상문 쓰기
		실천 학습	• 글에 대한 생각이나 느낌을 여러 가지 형식으로 표현하기
6-1 국어-가	2. 이야기를 간추려요	준비 학습	• 이야기 속 사건의 흐름 살펴보기
		기본 학습	• 이야기 구조를 생각하며 요약하는 방법 알기 ※ 이야기 구조: 발단, 전개, 절정, 결말
		기본 학습	• 이야기를 읽고 요약하기
		실천 학습	• 이야기 구조를 생각하며 작품 감상하기

6-1 국어-나	8. 인물의 삶을 찾아서	준비 학습	• 글쓴이가 말하고자 하는 생각 찾기
		기본 학습	• 인물이 추구하는 가치 파악하기
		기본 학습	• 인물들이 추구하는 다양한 가치 비교하기
		기본 학습	• 인물이 추구하는 가치를 자신의 삶과 관련짓기
		실천 학습	• 문학 작품 속 인물 소개하기
6-2 국어-가	1. 작품 속 인물과 나	준비 학습	• 작품 속 인물의 삶 살펴보기
		기본 학습	• 작품을 읽고 인물이 추구하는 삶 파악 하기
		기본 학습	• 인물의 삶과 자신의 삶을 관련지어 말 하기
		기본 학습	• 인물의 삶과 자신의 삶을 비교하며 작 품을 읽고 자신의 생각 쓰기
		실천 학습	• 자신이 꿈꾸는 삶을 작품으로 표현하기

    책 읽기조차도 아이들에게는 힘든 일인데, 아이들을 더 힘들게 하는 것은 책을 읽고 나서 독서록까지 써야 한다는 사실이다. 하지만 책을 읽고 기록하는 과정은 반드시 필요하다. 책을 읽고 나서 쓰지 않으면 책에서 얻은 지식, 생각, 감정의 반 이상은 어딘가로 사라져버린다. 읽은 책의 제목조차 기억나지 않는 것이 현실이다. 힘들더라도 기록해야 한다.

📘 독서록 쓰는 방법

독서록은 책을 읽을 때마다 쓰는 것이 가장 좋다. 하지만 책에 따라 내용이 기억에 남지 않을 수도 있고 마음에 들지 않을 수도 있다. 그럼에도 매번 독서록을 써야 한다면 너무 괴로운 일일 것이다. 독서록은 쓰고 싶은 책으로 쓰게 한다. 마음에 들고 재미있게 읽은 책만 독서록을 쓰고, 그렇지 않은 책은 제목과 지은이, 출판사, 내용 한 줄 정도만 기록하고 넘어간다.

그리고 일기와 마찬가지로 독서록도 몰아서 쓰지 말고 그때그때 쓰도록 한다. 부모가 책을 같이 읽어서 내용을 알고 있다면 아이가 쓸거리를 떠올릴 만한 적절한 질문을 하기에 매우 좋다. 책에 따라 다르지만 한 권을 읽는 데 며칠이 걸리는 경우에는 앞부분의 내용이 잘 생각나지 않기도 한다. 이럴 때 찾아볼 수 있도록 질문을 하면 내용이 훨씬 풍부해진다.

만약 부모가 책을 같이 못 읽었다면 아이에게 그런 대로 질문을 해도 괜찮다. 나도 국어 수업 시간에 일부러 지문을 미리 읽지 않을 때가 있는데, 이때 아이들에게 글을 읽은 후 내용을 알려달라고 한다. 그러면 한 아이가 손을 들고 일어나서 내용을 이야기한다. 그 아이가 발표한 내용에 보충할 내용이 있으면 다른 아이가 첨가한다. 계속해서 또 다른 아이가 내용을 덧붙인다. 점점 내용이 명확해진다. 내용이 매끄럽지 않거나 뭔가 이상한 부분이 있으면 질문해서 아이들로부터 답을 얻는다. 지문을 읽지 않았지만 내용이 정리되기 시작한다. 상대방은 모르고 나만 아는 내용일수록 아이들은 더 자세히 설명하려고 할 것이다.

부모가 집에서 아이에게 읽은 책에 대해 이야기해달라고 하면 아이는 책 내용을 다시 한번 생각해볼 수 있고, 말로 표현하는 과정을 통해 아는 내용을 더욱 공고화할 수 있다. 아이가 말하는 내용이 자연스럽게 않을 때 다음과 같이 질문하면 아이는 스스로 빠뜨린 내용을 덧붙이면서 내용을 풍부하게 만들 수 있다.

"왜 그런 거야?"
"그래서 어떻게 된 거야?"

물론 부모가 궁금한 내용을 질문해도 좋다. 다음과 같이 질문해서 아이에게 생각할 기회를 주는 것이다.

"그때 넌 어떤 느낌이었어?"
"주인공은 어떨 것 같아?"

그런 다음에 독서록을 쓰게 하면 무엇을 써야 할지 고민하는 경우는 거의 없다. 매번 부모가 바쁜 일상을 뒤로하고 독서록을 봐주기는 쉽지 않으니 한 달에 한 번만 이렇게 질문과 답을 주고받아 보자. 꾸준히 반복하면 아이 스스로 질문하고 답하며 글을 써나갈 것이다.

문학(이야기책)의 경우 가장 기본적인 독서록의 틀은 다음과 같이 구성된다.

1문단	2, 3문단	4문단
책을 읽게 된 동기	줄거리 + 느낌	전체적인 감상

하지만 매번 이렇게 쓰면 아이들은 글쓰기가 또 지루해진다. 그래서 몇 가지 틀을 알려주고 그중에서 이번에 읽은 책으로 쓰기 적합한 틀을 골라 쓰게 한다. 이야기의 3요소는 인물, 사건, 배경이다. 3가지 모두에 대해 글을 쓰려면 어디서부터 어떻게 써야 할지 막막하고 어려워진다. 이 중에 하나를 골라 자세히 쓴다고 생각하면 쉽다. 전체적인 기본 틀은 같다. 여기에 인물, 사건, 배경 중 하나를 강조한 내용을 담으면 된다.

독서록 쓰기 틀 한눈에 보기

기본 틀	처음	가운데		끝
	1문단	2문단	3문단	4문단
	전체적인 설명	의견① + 이유	의견② + 이유	정리
사건 중심	・제목, 표지의 느낌 ・책을 읽게 된 동기 ・글의 방향 소개	줄거리① + 느낌	줄거리② + 느낌	・전체적인 감상 ・누구에게 추천해주고 싶은지 쓰기
		인상적인 부분① + 이유	인상적인 부분② + 이유	
인물 중심		인물 특징/평가① + 근거	인물 특징/평가② + 근거	
		현재와의 비교① + 근거	현재와의 비교② + 근거	
배경 중심		배경 바꿔보기① + 이유	배경 바꿔보기② + 이유	
		내가 그 배경에 있 다면① + 이유	내가 그 배경에 있 다면② + 이유	

독서록 쓰기 틀 ① 설명하고 의견 쓰기

1문단	2문단	3문단	4문단
〈전체적인 설명〉 ・제목, 표지의 느낌 ・책을 읽게 된 동기 ・글의 방향 소개	의견① + 이유	의견② + 이유	〈정리〉 ・전체적인 감상 ・누구에게 추천해주고 싶은지 쓰기
이 책의 제목(표지 그림)을 보니 평소 궁금했던 ~에 대해 알 수 있을 것 같아 골라서 읽어보았다. 책의 내용은 ~에 대한 것이었다.	※ 독서록 쓰기 틀 ②,③,④ 참고	※ 독서록 쓰기 틀 ②,③,④ 참고	・이 책의 내용은 전체적으로 ~느낌이었다. ・이 책을 ~에게 소개해주고 싶다.

독서록 쓰기 틀 ② '사건' 중심 쓰기

1문단	2문단	3문단	4문단
〈전체적인 설명〉	줄거리에 대한 의견① + 이유	줄거리에 대한 의견② + 이유	〈정리〉
내용을 간단히 쓰고 내 생각을 정리해보았다.	줄거리① + 느낌	줄거리② + 느낌	※ 기본 틀 참고
책을 읽으면서 인상적인 부분이 두 군데 있었다.	인상적인 부분① + 이유	인상적인 부분② + 이유	

독서록 쓰기 틀 ③ '인물' 중심 쓰기

1문단	2문단	3문단	4문단
〈전체적인 설명〉	인물에 대한 의견① + 이유	인물에 대한 의견② + 이유	〈정리〉
이 책에는 ○○○, △△△가 등장한다. 이 인물들의 특징에 대해 정리해보았다.	○○○는 ~다. 왜냐하면 ~이기 때문이다.	△△△는 ~다. 왜냐하면 ~이기 때문이다.	※ 기본 틀 참고
이 책의 등장인물인 ○○○의 성격(장점, 단점 등)에 대해 정리해보았다.	○○○는 ~다. ~부분을 보면 알 수 있다.	○○○는 ~다. ~부분을 보면 알 수 있다.	
나는 이 책에 등장하는 ○○○가 마음에 든다. (들지 않는다.) 그 이유는 다음과 같다.	첫 번째 이유는 ~	두 번째 이유는 ~	

독서록 쓰기 틀 ④ '배경' 중심 쓰기

1문단	2문단	3문단	4문단
〈전체적인 설명〉	의견① + 이유	의견② + 이유	〈정리〉
이 책은 ○○ 시대를 배경으로 하고 있다. 그 시대는 현재와 몇 가지 다른 점이 있다. 다른 점을 비교해보았다.	첫 번째 다른 점은 ~다. 현재는 ~지만 그 시대에는 ~다.	두 번째 다른 점은 ~다. 현재는 ~지만 그 시대에는 ~다.	
이 책은 ○○년 △△에서 일어난 일이다. 만약 현재에 이런 이야기가 있다면, 주인공의 행동이 달라질 것 같다.	주인공 ◇◇는 ~지 못했을 것이다. 왜냐하면 ~이기 때문이다.	□□는 ~을 할 수 있었을 것이다. 왜냐하면 ~이기 때문이다.	※ 기본 틀 참고
이 책은 ○○에서 일어난 일이다. 내가 만약 그곳에 있었다면 두 가지를 해서 이야기를 바꿔보고 싶다.	주인공 ◇◇를 도와 ~을 할 것이다. 왜냐하면 ~이기 때문이다.	또 □□가 ~에 있던 때 나타나 ~을 할 것이다. 왜냐하면 ~이기 때문이다.	

2015 개정 교육 과정에서는 초등 3~6학년 국어 교과서 맨 앞에 독서 단원이 신설되었다. 독서 단원에는 독서 전, 중, 후에 할 수 있는 활동이 소개되어 있으며 한 학기 동안 책을 함께 읽으면서 구체적인 활동을 하게 된다. 그중 독서 후 활동에서 빼놓을 수 없는 것이 독서록이다. 다음은 지루하게 않게 독서록을 쓸 수 있는 다양한 방법이다.

- 줄거리 간추려서 쓰기
- 이야기 뒷부분 상상해서 쓰기
- 주인공 인터뷰 상상해서 쓰기
- 바꾸고 싶은 부분을 찾아 바꿔 쓰기
- 표지 보고 어떤 내용일지 상상해서 쓰기
- 등장인물의 성격을 생각해보고 동물이나 만화 캐릭터에 비유하기
- 등장인물 중에 가장 마음에 드는 인물과 그 이유 쓰기
- 책의 작가에게 편지 쓰기
- 책의 등장인물에게 하고 싶은 말 편지로 쓰기
- 책 제목으로 시 짓기(3행시, 4행시 등)
- 책을 읽고 난 느낌을 시로 표현하기
- 책의 내용으로 동요나 가요 가사 바꾸기
- 친구에게 책 소개하는 글쓰기
- 기억에 남는 부분과 그 이유 쓰기
- 기억이 남는 대사와 그 이유 쓰기
- 인물에게 본받고 싶은 점과 그 이유 쓰기
- 책의 내용으로 퀴즈 만들기
- 새로운 인물을 등장시켜 이야기 바꿔보기
- 내가 주인공이라면 어떻게 할지 써보기
- 책의 내용 중 마음에 들지 않는 부분 고치기

- 주인공이 되어서 책 광고하는 글쓰기
- 등장인물의 입장에서 나에게 편지 쓰기
- 책 속 이야기를 신문 기사로 나타내기
- 역사 인물에 대한 판결문 쓰기

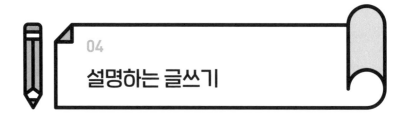

04

설명하는 글쓰기

🗂 국어 교과 관련 내용

교과	단원	학습 성격	학습 내용
2–1 국어–나	7. 친구들에게 알려요	준비 학습	• 물건을 설명한 경험 이야기하기
		기본 학습	• 글을 읽고 주요 내용 확인하기
		기본 학습	• 주변의 물건에 대해 설명하기 (친구들이 잘 모르는 물건, 자신에게 가장 소중한 물건, 잃어버린 물건, 새로 알게 된 물건 등)(색깔, 모양, 쓰임, 크기 등) ※ 물건을 설명하는 글쓰기

2-1 국어-나	7. 친구들에게 알려요	실천 학습	• 발명하고 싶은 물건 설명하기 (발명하고 싶은 물건, 발명하려는 까닭, 특징) ※ 자신만의 발명 노트 쓰기
2-2 국어-가	6. 자세하게 소개해요	준비 학습	• 소개해본 경험 나누기
		기본 학습	• 사람을 소개하는 글을 쓰는 방법 알기
		기본 학습	• 소개할 사람을 정해 말놀이하기
		기본 학습	• 글자와 다르게 소리 나는 낱말에 주의 하며 소개하는 글쓰기
		실천 학습	• 인물을 소개하는 신문 만들기
3-1 국어-가	2. 문단의 짜임	준비 학습	• 설명하는 글을 쓴 경험 나누기
		기본 학습	• 중심 문장과 뒷받침 문장 알기
		기본 학습	• 중심 문장과 뒷받침 문장을 파악하며 글 읽기
		기본 학습	• 중심 문장과 뒷받침 문장을 생각하며 문단 쓰기
		실천 학습	• 문단 만드는 놀이하기
5-1 국어-가	3. 글을 요약해요	준비 학습	• 설명하는 글을 읽은 경험 나누기
		기본 학습	• 여러 가지 설명 방법 알기
		기본 학습	• 구조를 생각하며 글 요약하기
		기본 학습	• 대상을 생각하며 설명하는 글쓰기
		실천 학습	• 자료를 찾아 읽고 요약하기

아이들이 가장 많이 접하는 글의 장르가 무엇일까? 바로 설명하
는 글이다. 학교에서 매 시간 보는 교과서 글의 대부분이 설명하

는 글이기 때문이다. '설명'을 한자로 풀어보면 '說(말씀 설), 明(밝을 명)'이다. 설명하는 글은 말 그대로 어떤 대상을 이해시키기 위해 알기 쉽게 풀어서 쓴 글이다. 그렇기 때문에 설명하는 글에는 주관적인 감정이나 생각이 아니라 객관적인 정보가 담겨야 한다. 교과서 외에도 설명하는 글은 주변에 많이 있다. 매일 핸드폰으로 접하는 포털 사이트의 뉴스, 인터넷 쇼핑을 할 때 마주하는 상품의 상세 정보, 낯선 장소의 안내문, 제품을 사면 들어 있는 설명서 등이 모두 설명하는 글이다.

📘 설명하는 글쓰기 방법

설명하는 글 역시 '처음-가운데-끝'이 기본 구성이다. '처음' 부분에서는 설명하려는 대상에 대해 밝히고 읽는 사람의 관심을 끄는 내용을 전개한다. '가운데' 부분에서는 대상에 대해 구체적으로 설명하고, '끝' 부분에서는 요약과 정리를 한다. 무엇보다 설명하는 글을 쓸 때는 주제와 읽는 대상을 잘 정해야 한다. 우선 무엇에 대해 설명할지를 정한다. 초등학교에서 많이 다루는 주제는 '우리 가족 소개하기', '내 짝꿍 소개하기', '학교 소개하기' 등이다. 주제를 정한 다음에는 누가 읽는 글인지 읽는 대상을 명확히 해야 한다.

설명하는 글은 자세히 쓸수록 좋기에 읽는 사람을 '대상에 대해 전혀 모르는 동생'쯤으로 정하면 구체적으로 쓰는 데 도움이 된다.

설명하는 글쓰기 틀 한눈에 보기

	처음	가운데		끝
	1문단	2문단	3문단	4문단
기본 틀	전체적인 설명	특징 설명① + 근거	특징 설명② + 근거	정리
비교	• 주제, 대상 소개 • 이야기의 방향 알리기	공통점① + 근거	공통점② + 근거	• 요약 • 더 알고 싶은 점
대조		차이점① + 근거	차이점② + 근거	

설명하는 글쓰기 실전

설명하는 글은 쓰기 전에 개요를 짜는 것이 좋다. 하지만 앞서 이야기했듯이 개요를 짜고 글을 쓰면 아이들에게 글쓰기는 번거롭고 힘든 일이라는 인식을 줄 수 있다. 그러므로 2가지를 한꺼번에 하게 한다. 방법은 다음과 같다. 설명하는 글은 '처음-가운데-끝'으로 구성된다. 이는 문단으로 구분하는데, 보통 가운데 부분이 처음과 끝부분보다는 양이 많다. 초등 수준에서 쓴다면 1:2:1 혹은 1:3:1 정도로 쓴다고 생각하면 쉽다. 일단 공책 한 쪽을 4개의 부분으로 나눈다.

← 처음

← 가운데①

← 가운데②

← 끝

예를 들어 '나와 짝의 공통점과 차이점'에 대해 설명하는 글을 쓴다고 하자. 가운데 부분에는 가장 중요한 내용이 들어가야 하므로 제목에 대한 답이 들어가게 글을 써야 한다. 그렇다면 가운데 부분에는 나와 짝의 '공통점'과 '차이점'이 들어가야 한다. 그리고 처음과 끝부분은 가운데 부분이 돋보일 수 있도록 자연스럽게 연결한다는 느낌으로 쓰면 된다.

← 처음: 나와 짝 이름, 할 이야기 소개

← 가운데①(공통점): 체육 좋아함, 같은 아파트, 안경 씀

← 가운데②(차이점): 성별, 쌍꺼풀, 가방 색깔, 태권도 학원

← 끝: 짝에게 궁금한 점(음식, 장래희망, 게임)

반드시 처음 부분부터 써야 할 필요는 없다. 어떻게 시작할지 모르겠다면 가운데 부분부터 써도 괜찮다. 양을 어느 정도 구분해놓았기 때문에 가운데 부분부터 써도 나중에 처음 부분을 채우는 데 어려움이 없다. 앞선 예시처럼 공통점과 차이점에는 무엇이 있는지 생각나는 대로 단어로 적어보게 한다. 이것이 바로 개요 짜기다. 굳이 세세하게 할 필요 없이 이 정도로 개요를 짜고 생각을 단어로 옮기는 것만으로도 글의 틀을 잡기에는 충분하다. 그러고 나서 본격적으로 글을 쓸 때 미리 써둔 단어를 보며 문장으로 만들면 된다.

나의 짝은 김윤진이다. 우리는 짝이 된 지 일주일이 되었다. 그동안 이야기 나누고 함께 공부하고 놀면서 윤진이와 나의 같은 부분과 다른 부분을 찾게 되었다. 나와 윤진이의 공통점과 차이점에 대해 설명하겠다.

처음

우리의 공통점은 세 가지가 있다. 우리 둘 다 체육을 좋아한다. 우리는 체육이 있는 날은 너무 신나서 기분이 좋다. 또 같은 아파트에 산다. 그래서 방과 후나 주말에도 아파트 놀이터에서 가끔 만나게 된다. 둘 다 시력이 안 좋아 안경을 쓰기도 했다.

가운데①

우리는 다른 점도 많다. 먼저 나는 남자지만 윤진이는 여자다. 그리고 나는 쌍꺼풀이 있지만 윤진이는 쌍꺼풀이 없는 옆으로 긴 눈이다. 우리는 가방 색깔도 다른데, 나는 검은색이고 윤진이는 회색이다. 그리고 나는 태권도 학원을 삼 년째 다니고 있지만 윤진이는 태권도를 아직 배워본 적이 없다고 한다.

가운데②

이처럼 윤진이와 나는 비슷하면서도 다르다. 윤진이가 좋아하는 음식이 무엇인지, 장래희망이 무엇인지, 어떤 게임을 좋아하는지 궁금하다. 앞으로 윤진이에 대해 관심을 가지고 더 알아가야겠다.

끝

이때 나눠놓은 문단의 양을 꼭 맞게 채울 필요는 없다. 별 어려움 없이 글을 쓸 수 있다면 굳이 틀에 맞추지 않아도 되지만, 어떻게 써야 할지 막막해하는 아이들은 앞서 제시한 틀에 맞춰 쓰게 하자. 전체 글의 구조는 '처음:가운데:끝'이 '1:2:1'이다. 어떤 주제든 가운데 2개의 문단을 채울 소재 2가지를 찾게 하는 것이다. 예를 들어 '아기 공룡 둘리의 등장인물'이라는 주제로 설명하는 글을 쓴다면 처음을 어떻게 시작할지 고민하지 말고 일단 공책을 4개의 부분으로 나눈다. 그리고 가운데 2개의 문단 옆에 각각 등장인물을 쓴다. 그런 다음에 처음과 끝에 자연스럽게 이어질 만한 이야기를 간단하게 써서 개요를 완성한다.

← 처음: 할 이야기 소개

← 가운데①: 아기 공룡 둘리

← 가운데②: 외계에서 온 도우너

← 끝: 나머지 등장인물

그러고 나서 이 개요를 바탕으로 글을 쓴다.

나는 만화를 좋아한다. 내가 본 만화 중에 가장 재미있었던 것은 아기 공룡 둘리다. 아기 공룡 둘리에는 많은 등장인물이 나온다. 그중에 둘리, 도우너에 대해 설명하려고 한다.

처음

둘리는 빙하기에서 온 공룡으로, 고길동 아저씨의 구박을 받는다. 엄마를 그리워하며 …

가운데①

또 도우너는 깐따삐아 별에서 왔으며 …

가운데②

이 밖에도 서커스단에서 도망친 타조 또치, 엄마 아빠가 미국으로 공부하러 가서 고모부 집에서 살게 된 희동이, 가수가 되는 게 꿈인 마이콜, 둘리와 친구들을 귀찮아하는 고길동 아저씨 등이 등장한다.

끝

반드시 2가지를 고르지 않아도 된다. 당연히 3가지, 4가지여도 된다. 가운데 문단을 더 늘려도 상관없다. 가족 소개, 우리 학교의 자랑거리, 환경 오염의 종류 등 어떤 주제라도 앞에서 제시한 틀대로 쓰면 고민이 줄어들 것이다. 설명하는 글의 의미는 '객관적으로 대상을 설명하는 글'이지만, 초등학생이 완벽하게 객관적인 글을 쓰기란 매우 어려운 일이다. 실제로 아이들이 쓴 설명하는 글에는 어느 정도 생각이나 느낌이 들어간다. 최대한 객관성을 띠도록 노력해야겠지만, 초등학생 수준에서 약간의 주관적인 표현은 괜찮다고 생각한다.

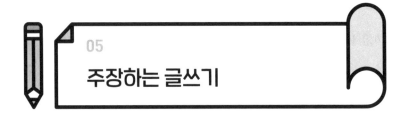

05
주장하는 글쓰기

🗄 국어 교과 관련 내용

교과	단원	학습 성격	학습 내용
2–2 국어–나	9. 주요 내용을 찾아요	준비 학습	• 글에서 주요 내용이 무엇인지 알기
		기본 학습	• 글을 읽고 주요 내용을 찾는 방법 알기
		기본 학습	• 글을 읽고 주요 내용 찾기
		기본 학습	• 주요 내용을 확인하고 자신의 생각 말하기
		실천 학습	• 자신의 생각을 까닭을 들어 글로 써서 발표하기

3–1 국어–나	8. 의견이 있어요	준비 학습	• 의견의 뜻 알기
		기본 학습	• 글을 읽고 인물의 의견과 그 까닭 알기
		기본 학습	• 글쓴이의 의견을 파악하는 방법 알기
		기본 학습	• 의견을 파악하며 글 읽기
		실천 학습	• 아름답고 즐거운 학교를 가꾸기 위한 알림 활동하기
4–1 국어–나	8. 이런 제안 어때요	준비 학습	• 제안하는 글에 대해 알기
		기본 학습	• 문장의 짜임에 대해 알기
		기본 학습	• 제안하는 글을 쓰는 방법 알기
		실천 학습	• 제안하는 글을 쓰고 발표하기
4–2 국어–나	5. 의견이 드러나게 글을 써요	준비 학습	• 문장의 짜임에 맞게 말하기
		기본 학습	• 문장의 짜임에 맞게 문장 쓰기
		기본 학습	• 자신의 의견을 제시하는 글쓰기
		실천 학습	• 의견을 제시하는 글을 쓰고 친구들과 의견 나누기
	8. 생각하며 읽어요	준비 학습	• 의견이 적절한지 판단해야 하는 까닭 알기
		기본 학습	• 글쓴이의 의견을 평가하는 방법 알기
		기본 학습	• 글을 읽고 글쓴이의 의견 평가하기
		기본 학습	• 자신의 의견이 드러나게 글쓰기
		실천 학습	• 학교에서 일어난 일에 대한 의견 발표 하기

5-1 국어-가	5. 글쓴이의 주장	준비 학습	• 상황에 따라 여러 가지로 해석되는 낱말 알기
		기본 학습	• 글을 읽고 상황에 따라 여러 가지로 해석되는 낱말의 뜻 파악하기
		기본 학습	• 글을 읽고 글쓴이의 주장 파악하기
		기본 학습	• 근거의 적절성을 파악하며 글 읽기
		실천 학습	• 주장에 대한 찬반 의견 나누기
5-1 국어-나	6. 토의하여 해결해요	준비 학습	• 토의의 뜻과 필요성 알기
		기본 학습	• 토의 절차와 방법 알기
		기본 학습	• 토의 주제를 파악하고 의견 나누기
		기본 학습	• 글을 읽고 토의하기
		실천 학습	• 알맞은 주제를 정해 의견 나누기
6-1 국어-가	4. 주장과 근거를 판단해요	준비 학습	• 다양한 주장 살펴보기
		기본 학습	• 논설문의 특성을 생각하며 글 읽기
		기본 학습	• 내용의 타당성과 표현의 적절성 판단하기
		실천 학습	• 타당한 근거를 들어 알맞은 표현으로 논설문 쓰기
6-2 국어-가	3. 타당한 근거로 글을 써요	준비 학습	• 글을 읽고 주장 찾기
		기본 학습	• 주장에 대한 근거가 적절한지 판단하며 글 읽기
		기본 학습	• 논설문을 쓸 때 알맞은 자료를 활용하는 방법 알기

6-2 국어-가	3. 타당한 근거로 글을 써요	기본 학습	• 상황에 알맞은 자료를 활용해 논설문 쓰기
		실천 학습	• 더 좋은 우리 동네를 만들기 위한 논설 문 쓰기

대부분의 아이들은 주장하는 글을 까다롭고 쓰기 어려운 장르라고 생각한다. 하지만 일상생활에서 가장 많이 활용될 수 있는 것이 바로 '주장'이다. 주장의 목적은 설득이다. 우리는 하루에도 몇 번씩 내 생각을 누군가에게 이야기하고 설득한다. 설득을 위한 글, 즉 주장하는 글의 기본 틀을 알면 훨씬 효과적으로 내 생각을 전달할 수 있다.

📦 주장하는 글쓰기 방법

아이에게 "일기를 매일 쓰자"라고 말만 하면 별로 마음이 움직이지 않는다. 마음이 이러니 행동은 당연히 뒤따르지 않는다. 하지만 일기를 매일 써야 하는 이유를 이야기하면 고개를 끄덕이면서 해보겠다는 마음을 먹는다. '일기 쓰기가 귀찮긴 하지만 쓰면 좋긴 하겠네'라고 생각한다. 누군가 아무리 말해도 움직이지 않던 아이들이 또 다른 누군가의 말은 참 잘 듣는 경우를 본 적이 있을 것이다. 차이는 표현의 힘이다. 분명 설득에는 요령이 있다.

본래 주장하는 글의 구조는 '서론-본론-결론'이다. 이 형식에 따라 글을 쓰라고 하면 어른도 서론을 어떻게 써야 할지 고민한다. 아이들은 오죽하겠는가? 그래서 주장하는 글을 처음 쓰는 아이들의 경우에는 서론보다는 본론을 먼저 쓰는 것이 쉽다. 그리고 메시지 전달도 더 잘된다. 설득력이 약한 이유를 여기에서 찾을 수 있다. 형식상의 문제다. 대부분은 '요즘 상황이 이렇고, 이것으로는 이렇게 할 수 없어. 그러니까 이렇게 해야 해' 식으로 말한다. 이유를 열거한 후, 결론을 마지막에 말하는 것이다. 하지만 반대로 하면 전달력을 더 높일 수 있다. 결론부터 이야기하고 그 이유를 뒷받침하는 것이다.

주장하는 글의 기본 틀은 '주장(의견)+근거(이유)' 혹은 '근거(이유)+주장(의견)'이다. '방 좀 치워. 너무 지저분하잖아', '게임 그만하자. 지금까지 너무 오래 했어', '밤이 늦었어. 얼른 자자', '늦을 것 같아. 빨리 준비해' 등 일상적인 말도 여기에 해당한다. 이런 말을 글로 정리하는 것부터 시작하면 된다. 그러면 글의 기본 뼈대는 완성할 수 있으며, 여기에 살을 조금씩 붙이면 된다. 기본 틀을 연습할 때는 주장에 대한 적절한 근거인지 생각해볼 수 있도록 피드백을 한다. 그래야 짧더라도 완벽한 내용의 글을 쓸 수 있다.

주장하는 글쓰기 틀 한눈에 보기

	처음	가운데		끝
	1문단	2문단	3문단	4문단
기본 틀	주제에 대한 나의 주장	근거 + 이유(자료)		
1단계	주제에 대한 나의 주장	근거① + 이유(자료)	근거② + 이유(자료)	
2단계	〈전체적인 설명〉 • 문제 상황 • 주제에 대한 나의 주장	근거① + 이유(자료)	근거② + 이유(자료)	〈정리〉 • 내용 정리 • 주장 반복 및 강조

	1문단	2문단	3문단	4문단	5문단
확장	주제에 대한 나의 주장	근거①	근거②	반대 의견에 대한 방어	내용 정리 주장 반복 및 강조

주장하는 글을 2개의 문단으로 이뤄진 기본 틀로 쓰면 글의 꼴은 갖춰지지만 주장과 근거가 부족하는 생각이 들 수도 있다. 다른 사람을 설득하려면 더 많은 근거가 필요하다. 하나씩 덧붙이며 발전해갈 수 있게 한다. 그리고 근거에 이를 뒷받침하는 자료(신문 기사, 도표, 통계 등)를 함께 쓰면 더 설득력 있는 글이 된다.

주장하는 글쓰기 틀 ① 1단계

1문단	2문단	3문단
주제에 대한 나의 주장	근거① + 이유(자료)	근거② + 이유(자료)

여기까지가 '본론' 쓰기다. 이만큼만 해도 충분히 메시지를 전달할 수 있다. 하지만 보다 완벽한 주장하는 글쓰기로 가려면 한 단계가 더 필요하다. 그리고 근거를 쓸 때는 문단을 '첫째', '둘째' 형태로 시작하면 정리된 느낌의 글을 쓸 수 있다.

주장하는 글쓰기 틀 ② 2단계

1문단	2문단	3문단	4문단
〈전체적인 설명〉 • 문제 상황 • 주제에 대한 나의 주장	근거① + 이유(자료)	근거② + 이유(자료)	〈정리〉 • 내용 정리 • 주장 반복 및 강조

실제로 서론 쓰기가 가장 어려우니 일단 뒤로하고 결론부터 쓴다. 결론은 본론에서 쓴 근거를 요약하고 주장을 한 번 더 강조해서 쓰면 된다. 이어서 서론은 1문단의 주제에 대한 주장을 담아서 쓰면 되는데, 여기에 이 주장이 나오게 된 문제 상황에 대한 내용

을 덧붙이면 된다.

예시 스마트폰의 사용 시간을 정해야 한다.

→ 최근 학생들 사이에 스마트폰을 너무 오래 사용해서 부모님과의 갈등이 생기는 경우가 많아졌다. 그래서 나는 스마트폰의 사용 시간을 정해야 한다고 생각한다.

주장하는 글의 틀을 자연스럽게 연습할 수 있는 것이 바로 토론이다. 5학년 국어 시간에 토론하기 활동이 나오는데, 서로 주장과 근거를 이야기하고 반박하는 과정에서 객관적이고 타당한 근거를 마련하는 연습을 자연스럽게 할 수 있다. 논리적으로 반박하면서 내 의견의 빈 곳을 점검해볼 수도 있다. 그리고 또 다른 친구의 주장과 근거를 들으면서 나보다 더 좋은 근거를 발견하기도 하고 서로에게 배워나갈 수 있다. 말하기를 연습하면 글쓰기는 조금 더 수월해진다. 가정에서도 부모와 아이가 함께 일상에서의 서로 다른 생각들을 진지하게 나눠본다면 아이의 주장하는 글을 업그레이드할 수 있을 것이다.

주장하는 글쓰기 틀 ③ 확장

1문단	2문단	3문단	4문단	5문단
※ 2단계 틀 참고	근거①	근거②	반대 의견에 대한 방어	※ 2단계 틀 참고

주장하는 글쓰기도 기본은 전체적인 개요 짜기다. 교과서에서도 '개요 짜기 → 글쓰기'의 순서로 나온다. 하지만 실제로 초등학생들에게 미리 개요를 짜서 글을 쓰라고 하는 것은 무리라고 생각한다. 가뜩이나 글쓰기를 싫어하는데 몇 단계를 거치라고 하면 더욱 귀찮고 멀리하고 싶을 것이다. 그래서 개요 짜기와 글쓰기를 한곳에 하도록 한다. 방법은 간단하다. 문단 사이에 여백을 두는 것이다.

주장하는 글쓰기에 대해 감을 못 잡거나, 더 구체적인 방법을 배우고 싶다면 가장 좋은 도구가 바로 신문 칼럼이다. 신문 칼럼은 글쓴이의 주장과 그에 대한 근거를 담은 논리적인 글이기에 많이 읽고 분석하면 좋은 공부가 된다. 나는 '어린이동아(kids.donga.com)'를 많이 이용한다. 이곳에는 '눈높이 사설'이라는 코너가 있는데, 「동아일보」의 사설을 아이들 수준으로 편집해서 실어놓았다. 그리고 찬반 토론 코너가 있어서 시사 문제에 대한 아이들의

___	요즘 많은 학생이 스마트폰을 사용한다. 스마트폰 사용은 편리한 점이 많은 반면 부정적인 면도 많다. 특히 학교에서의 사용은 많은 문제를 낳고 있다.
나는 ____ 생각한다.	나는 학교에서 스마트폰 사용을 제한해야 한다고 생각한다.
첫째, ____	첫째, 스마트폰을 잃어버릴 수 있다. 스마트폰을 잃어버리면 찾기 어렵고 친구들끼리 갈등이 생겨 큰 문제가 되기도 한다.
둘째, ____	둘째, 공부 시간에 사용하면 자신과 다른 친구들에게 방해가 된다. 수업 중에 연락을 하거나 게임을 하느라 수업에 집중하지 못한다. 또 진동음이나 소리가 친구들에게 피해를 줄 수 있다.
____	스마트폰 사용을 적절히 제한하면 더 효율적으로 활용할 수 있다.
그러므로 ____ 해야 한다.	그러므로 학교에서의 스마트폰 사용을 적절히 제한 해야 한다.

문단 사이에 여백을 두어 개요 짜기와 글쓰기를 한곳에 하는 방법.

생각을 살펴볼 수 있다. 이러한 글을 많이 접하면 주장하는 글쓰기에 대한 감을 확실하게 잡을 수 있고, 논리적인 문체를 배울 수도 있다.

06

편지 쓰기

📖 국어 교과 관련 내용

교과	단원	학습 성격	학습 내용
3-1 국어-가	4. 내 마음을 편지에 담아	준비 학습	• 마음을 전한 경험 나누기
		기본 학습	• 편지를 읽고 마음을 나타내는 말 익히기
		기본 학습	• 글을 읽고 글쓴이의 마음 짐작하기
		기본 학습	• 마음이 잘 드러나게 편지 쓰는 방법 익히기
		실천 학습	• 마음을 담아 편지 쓰기

		준비 학습	• 다른 사람에게 마음을 전해본 경험 떠올리기
3-2 국어-나	6. 마음을 담아 글을 써요	기본 학습	• 이야기를 듣고 인물의 마음이 어떻게 변했는지 정리하기
		기본 학습	• 이야기 속 인물의 마음을 헤아리며 글 읽기
		기본 학습	• 읽을 사람을 생각하며 마음을 전하는 글쓰기
		실천 학습	• 다른 사람에게 마음을 전하는 글쓰기
4-2 국어-가	2. 마음을 전하는 글을 써요	준비 학습	• 마음을 드러내는 표현 찾기
		기본 학습	• 글쓴이가 전하려는 마음 알기
		기본 학습	• 마음을 전하는 글을 쓰는 방법 알기
		기본 학습	• 마음을 전하는 글쓰기
		실천 학습	• 마음을 담아 붙임 쪽지 쓰기
6-1 국어-나	9. 마음을 나누는 글을 써요	준비 학습	• 글을 쓰는 상황과 목적 파악하기
		기본 학습	• 글로 쓸 내용 계획하기 ※ 마음을 나누는 글의 짜임: 첫인사-일어난 사건-사건에 대한 생각이나 행동-나누려는 마음-끝인사
		기본 학습	• 마음을 나누는 글쓰기
		실천 학습	• 학급 신문 만들기

학창 시절에 친구들과 손편지를 주고받았던 기억이 있다. 쓰는 동안의 즐거움과 답장이 언제 올지 기다리는 설렘이 편지의 묘미

다. 편지는 마음을 전하는 도구다. 보낸 사람의 글씨 너머로 마음과 정성이 보인다. 나는 가끔 아이들이나 학부모님들로부터 편지를 받는다. 핸드폰 문자가 아닌 손글씨로 적힌 편지는 더 강력하게 진심을 전한다. 우리는 생활이 디지털화되면서 손편지보다는 문자나 이메일을 주고받는 것에 더 익숙해졌다. 매체는 달라졌지만 편지의 기본 기능과 의미는 변하지 않았다. 그리고 여전히 일상에서 많이 쓰이는 장르의 글이다.

편지는 초등학교의 여러 과목에서 학습 활동 중 하나로 많이 활용되고 있다. 특히 이야기 글을 읽고 '등장인물에게 편지 쓰기', 역사적 사건을 배운 뒤 '역사 인물에게 편지 쓰기'의 형태가 교과서에 많이 나온다.

- 3학년 1학기 국어-가 1단원
  - 「바삭바삭 갈매기」에 나오는 인물 가운데에서 하나를 골라 ○표를 하고, 그 인물에게 하고 싶은 말을 편지로 써봅시다.

- 5학년 2학기 사회
  - 나라를 지키려고 노력했던 안중근에게 편지를 써봅시다.

편지는 최근 진행되는 논술형 평가의 문항에도 많이 이용되고 있다. 다음은 인천 교육청 4학년 국어과 서술형·논술형 평가 문항집에 실린 문제다.

- 온라인 대화를 할 때 주의할 점을 생각하며 여우가 어떻게 행동하면 좋을지 여우에게 쪽지를 써주시오.
- 만약 장기려가 내가 커서 어떻게 살아야 하는지 조언을 해준다면 어떤 말을 할지 생각해보고, 장기려가 나에게 보내는 편지를 쓰시오. (장기려의 생각이나 가치관을 고려하여 쓰기, 나의 꿈과 연결 지어 쓰기)

📖 편지 쓰기 방법

편지의 형식을 떠올리면, 처음에는 계절과 날씨 이야기로 포문을 열고, 안부를 물은 다음에, 하고 싶은 이야기가 다 끝나면 건강을 당부하고 끝인사를 하는 식의 마무리가 생각나곤 한다. 6학년 1학기 국어-나 '9. 마음을 나누는 글을 써요' 단원에서 편지의 형식에 대해 구체적으로 보여주고 있다. 이를 토대로 틀을 제시하면 다음과 같다.

편지 쓰기 틀 한눈에 보기

	처음	가운데		끝
	1문단	2문단	3문단	4문단
기본 틀	시작하기	하고 싶은 말		정리하기

	• 받는 사람
	• 첫인사
	• 자기소개
	• 날씨, 안부
		• 일어난 사건
		• 사건에 대한
		  생각이나 행동
			• 나누려는 마음	• 끝인사
				• 쓴 날짜 및
				  쓴 사람

편지 쓰기 실전

1문단	2문단	3문단	4문단
시작하기	하고 싶은 말		정리하기
○○에게 안녕! 난 △△야. 9월이 되니까 날씨가 많이 선선해졌네.	어제 내가 너를 '만두'라고 놀려서 기분이 많이 나빴지?	정말 미안해. 집에 와서 많이 후회했어. 앞으로는 다시 너의 별명을 부르지 않을게.	기분이 풀어졌으면 좋겠다. 정말 미안해. 그럼 이만 쓸게. 202X년 9월 X일 △△가

　　다른 글도 마찬가지지만 중요한 것은 형식이 아니라 내용이다. 특히 편지는 더 그렇다. 형식보다는 전하고자 하는 내용과 글에 담긴 진심이 훨씬 중요하다. 그러므로 틀에 박힌 형식을 지도하기보다는 편지에 진심을 담아야 함을 알려주고 많이 써볼 수 있도록 기회를 준다.

형식보다 마음이 중요하다는 사실을 알게 된 계기가 있었다. 6학년 담임을 할 때 사춘기 아이들과 소통할 수 있는 다양한 방법을 찾던 중, 편지가 상대방의 마음을 여는 데 좋다는 점을 떠올렸고, 그때부터 아이들에게 편지를 쓰기 시작했다. 30명 가까운 아이들에게 일일이 손편지를 쓰기란 어려우므로, 고심 끝에 떠올린 현실적인 방법이 바로 '칠판 편지'였다. 나는 우리 반 아이들에게 매일 아침 칠판에 짧은 편지를 썼다.

아침마다 아이들은 교실에 들어와서 칠판에 쓰인 글을 유심히 보기 시작했다. 사실 특별한 내용은 없었다. 아침 인사와 활동 안내를 편지로 썼을 뿐이다. 편지에 아이들은 별 반응이 없었다. 그냥 눈으로 읽고 자기 할 일을 해서 처음에는 아이들이 읽고 있는 건지 의문이 들기도 했다. 하지만 아이들을 가만히 살펴보니 아침에 오자마자 칠판부터 확인했다. 선생님이 무슨 말을 썼는지 궁금한 것이다. 바빠서 깜빡하고 쓰지 못한 날은 왜 오늘 칠판에 아무것도 없냐고 묻기도 했다. 특별한 내용은 없지만 선생님이 직접 쓴 짧은 편지가 진심으로 느껴진 모양이었다. 칠판 편지 덕분에 아이들과의 관계가 많이 돈독해졌다.

그런가 하면 의미 있는 이벤트로 군인들에게 위문 편지도 썼다. 모든 아이들이 편지를 써서 보냈는데, 해당 부대의 군인들이 답장을 손편지로 써서 보내줬다. 편지를 통해 군인들의 군대 이야기,

인생 조언 등을 읽으며 아이들은 무척 즐거워했다. 사람과 사람을 연결해주는 보이지 않는 끈, 편지에는 그런 힘이 있다.

다양한 편지 쓰기

아이들이 많이 쓰는 편지의 종류에는 감사 편지, 화해 편지, 축하 편지 등이 있다. 종류별로 어떻게 써야 좋은 글이 되는지 알아보자.

먼저 감사 편지다. 부모님, 선생님, 혹은 위인에게 쓰곤 한다. 감사 편지는 감정만 표현하기보다는 구체적인 사례나 이유를 함께 이야기해야 진정성이 있다. '저희를 가르쳐주셔서 감사합니다'라는 표현보다는 '지난번에 수학 문제를 못 풀어서 힘들어할 때 친절하게 가르쳐주셔서 정말 감사합니다'가 훨씬 진심으로 느껴진다. 그리고 유관순 열사에게도 '우리나라를 위해 희생해주셔서 감사합니다'라고 쓰기보다는 '어린 나이임에도 일본의 탄압에 굴하지 않고 3·1 운동에 앞장선 모습이 인상적이었습니다. 나라를 위해 희생해주셔서 정말 감사드립니다'라고 자세히 쓰는 것이 좋다. '감사하다'라는 표현은 모두 같다. 감사한 이유를 어떻게 풀어가느냐가 그냥 그런 글과 진정성 있는 글을 구분되게 한다. 누구나 쓰는 진부한 표현 대신 나의 감정과 이유를 드러내도록 아이들에게 조언해줘야 한다.

화해 편지는 아이들이 서로 싸우고 나서 주고받는다. 그냥 말로 하기는 창피하고 자존심 상할 때 차선책으로 편지를 택한다. 자칫 화해 편지를 주고받다가 오해가 깊어지는 경우도 있다. 글에는 언어적 표현만 있을 뿐 반언어적 표현(억양, 강세, 리듬)과 비언어적 표현(몸짓, 표정)이 없어 받아들이는 사람에 따라 해석을 달리할 수 있기 때문이다. 그러므로 화해 편지는 상대방의 잘못을 거론하고 비난하는 내용보다는 상대방의 말과 행동으로 인해 내가 어떤 감정이었는지 서로 어떻게 했으면 좋겠는지를 쓰는 것이 좋다.

축하 편지도 많이 쓴다. 우리 반에서 생일인 친구에게 간단한 편지 쓰기 활동을 이벤트처럼 해봤는데, 아이들의 글이 거의 비슷했다. '생일 축하해'가 대부분이었고 더 이상 특별한 내용이 없었다. '생일 축하해'라는 진부한 표현 대신 '생일 축하해. 오늘 부모님과 친구들에게 축하 많이 받는 신나는 하루가 되길 바라. 너의 12살은 네 소원처럼 태권도 검은 띠도 따고 반장도 되었으면 좋겠어. 내가 항상 응원할게'처럼 생일을 어떻게 보냈으면 좋겠는지, 생일을 맞아 어떤 한 해가 되었으면 좋겠는지 등 응원의 말을 구체적으로 쓰면 조금 더 내용이 풍성한 축하 편지를 쓸 수 있다.

집에서도 서로의 일상이나 하고 싶은 말을 편지로 주고받으면 어떨까? 말로 하다 보면 감정이 실리고 관계가 나빠질 수 있는 내용도 글로 쓰다 보면 감정이 가라앉고 정돈된 상태에서 전달할 수 있다. 또 직접 말하는 것보다 글로 전하는 것이 보다 진심으로 느껴지기도 한다. 편지 쓸 일이 줄어드는 요즘이지만, 진심을 전하고자 할 때 손편지만 한 것도 없다. 말로 하는 대화 대신에 편지를 통해 글로 하는 대화는 색다른 가족 분위기를 만들어줄 것이다.

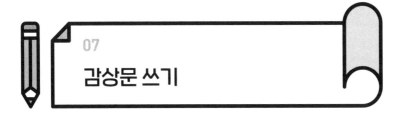

07

감상문 쓰기

🗂 국어 교과 관련 내용

교과	단원	학습 성격	학습 내용
4-2 국어-가	1. 이어질 장면을 생각해요	준비 학습	• 만화 영화나 영화를 본 경험 말하기
		기본 학습	• 영화를 감상하는 방법 알기
		기본 학습	• 만화 영화 감상하기
		기본 학습	• 만화 영화를 감상하고 사건을 생각하며 이어질 내용 쓰기
		실천 학습	• 만화 영화를 감상하고 이어질 내용을 역할극으로 나타내기

5-1 국어-나	7. 기행문을 써요	준비 학습	• 기행문을 읽거나 쓴 경험 이야기하기
		기본 학습	• 기행문의 특성 파악하기
		기본 학습	• 여정, 견문, 감상이 드러나게 기행문 쓰기
		실천 학습	• 여행자 안내장 만들기
5-2 국어-가	2. 지식이나 경험을 활용해요	준비 학습	• 지식이나 경험을 활용해 글을 읽으면 좋은 점 알기
		기본 학습	• 지식이나 경험을 활용해 글 읽기
		기본 학습	• 체험한 일을 떠올리며 감상이 드러나는 글쓰기
		실천 학습	• 지식이나 경험을 활용해 함께 글 고치기
6-2 국어-나	8. 작품으로 경험하기	준비 학습	• 영상을 보고 경험한 내용 이야기하기
		기본 학습	• 영화 감상문 쓰기
		기본 학습	• 자신의 경험을 떠올리며 작품 감상하기
		실천 학습	• 경험한 내용을 영화로 만들기

　　감상문은 주관적인 글이다. 보고 듣고 느낀 것을 바탕으로 자신의 생각과 느낌을 주로 쓴다. 초등학교에서는 독서를 하고 감상문을 많이 쓴다. 이외에도 만화 감상문(4학년), 여행 감상문(5학년), 영화 감상문(6학년), 음악 감상문, 연극 감상문, 견학 감상문, 시 감상문, 스포츠 감상문 등 종류가 다양하다.

🎁 감상문을 잘 쓰기 위해 필요한 것들

감상문을 잘 쓰기 위해서는 몇 가지가 필요하다.

먼저 풍부한 경험과 지식이다. 야구를 잘 모르는 아이가 처음으로 야구장에 가면 경기 자체에 집중하기보다는 열정적인 분위기와 응원 소리에 관심을 가질 것이다. 경기장에서 먹는 치킨을 야구보다 더 좋아할지도 모른다. 이 아이에게 야구 경기 관람 감상문을 쓰라고 하면 '참 재미있었다'와 같은 천편일률적인 표현이 나오기쉽다. 대상에 대한 이해가 부족해 깊이 있는 생각과 느낌이 생기기어렵다. 음악 시간에 국악을 듣거나 미술 시간에 명화를 보고 감상문을 쓸 때도 마찬가지다. 아이들은 그 분야에 대한 지식과 경험이부족하기 때문에 진짜 내 머릿속과 마음속의 이야깃거리가 부족하다. 당연히 글로 표현하기도 어렵다.

정말 좋아하는 분야의 어떤 대상에 대한 감상문을 쓴다면 어떨까? 웹툰에 관심이 많은 지아는 자신이 평소 좋아하는 작가의 신작이 나왔다며 신나게 읽고 감상문을 썼는데, 작가의 전작과 비교해 어떤 점이 좋아졌는지 평론가처럼 비교·분석했다. 피겨스케이팅 선수가 되기 위해 열심히 고군분투 중인 희진이는 피겨스케이팅 경기를 보고 자세히 분석해 자신의 감상을 썼다.

관심을 가진 만큼, 아는 만큼, 딱 그 깊이만큼 느낄 수 있고 쓸 수 있다. 그래서 감상문을 잘 쓰고 싶다면 많이 경험해볼 것을 권한다. 대상에 뛰어들어 적극적으로 관찰하고 경험하는 자세가 중요하다. 넓은 분야 말고, 관심 있는 분야부터 반복해서 깊이 있게 말이다. 하나에 대해 깊이 있는 감상문 쓰기가 가능하다면 다른 감상문도 충분히 잘 쓸 수 있다.

그리고 대상에 대해 생각할 '시간'이다. 잠깐 보거나 대충 참여한 시간 속에서 생각과 느낌이 샘솟기는 어렵다. 대상에 대한 경험 이후 곧바로 생각과 느낌을 표현하라고 하면 '재미있다', '멋지다'처럼 즉흥적이고 단순한 감상만 나올 것이다. 대상에 대해 떠올리고 생각할 충분한 시간이 주어질 때 깊이 있는 감상이 가능해진다. 가족 여행을 가서 시간에 쫓겨 계획한 곳을 급하게 다니느라 보고 느끼고 생각할 시간을 주지 못했다면, 아이는 그곳을 자세히 기억하지 못할 뿐만 아니라 생각과 느낌을 갖지도 못한다. 충분히 경험하고 느낀 여행이 되었다고 해도 시간을 제대로 주지 않으면 표현으로 이어지지 않는다. 생각을 글로 표현하기 위해서는 글의 순서를 가늠하고 적절한 단어를 골라 쓰는 등 어느 정도의 시간이 반드시 필요하기 때문이다.

마지막은 표현 기술이다. 대상을 보고 많은 생각과 느낌을 갖게 되었다고 해도 표현 방법이나 적절한 단어를 모르면 생각하고 느낀 만큼 글로 옮기기가 어렵다.

📘 감상문 쓰기 방법

교과서에는 아이들이 흥미 있어 할 만한 대상인 만화, 영화, 여행에 대한 경험을 하고 감상문을 쓰는 활동이 나와 있다. 하지만 교과서로 그치지 말고 일상생활에서 여러 가지 대상에 대한 감상문쓰기 연습을 하는 것이 좋다. 특히 요즘 아이들이 많이 접하는 유튜브, 게임 등에 대한 감상을 쓰는 활동은 아이들이 흥미로워하는대상을 주제로 글을 쓰도록 하는 것이므로 쉽고 재미있게 접근할수 있다.

- 오늘 본 유튜브 영상의 제목과 영상을 보고 난 후의 생각과 느낌쓰기
- 오늘 게임을 하고 난 후의 생각과 느낌 쓰기
- 오늘 웹툰을 보고 난 후의 생각과 느낌 쓰기

글을 좀 더 짜임새 있게 쓰고 싶다면 어느 정도 틀을 세우고 쓰는 것이 좋다. 기본 틀은 다른 글과 마찬가지로 4문단, 혹은 5문단으로 나뉜다. 그리고 각 감상문의 특징에 따라 문단의 내용을 구성하면 된다.

감상문 쓰기 틀 한눈에 보기

	처음	가운데		끝
	1문단	2문단	3문단	4문단
기본 틀	전체적인 설명	감상①	감상②	정리하기
		구체적인 부분① + 느낌	구체적인 부분② + 느낌	
영화 감상문	• 대상을 접한 동기 • 전체적인 내용 및 감상	인상 깊은 장면① + 느낌	인상 깊은 장면② + 느낌	• 감상 정리 및 요약
		등장인물의 행동 중 본받고 싶은 행동① + 느낌	등장인물의 행동 중 본받고 싶은 행동② + 느낌	
		기억에 남는 대사① + 느낌	기억에 남는 대사② + 느낌	

감상문 쓰기에서 하나 기억할 점은 감상문은 말 그대로 개인의 '감상'이어야 한다는 것이다. 아이들의 감상문을 살펴보면 내용을 요약하거나 보고 들은 것이 주가 되는 경우가 너무 많다. 사실 부분을 최대한 줄이고 자신의 생각과 느낌이 주로 들어갈 수 있도록 지도해야 한다. 글에서 가운데 문단이 3개라면, 사실:감상이 1:2 정도의 비율이 되도록 피드백해주자.

08

신문 기사 쓰기

신문은 정치면, 국제면, 경제면, 과학면, 교육면, 사회면, 스포츠면, 문화면 등 다양한 지면이 있다. 신문에는 정보를 전달하는 기사도 있고 글쓴이의 주관이 담긴 칼럼과 인터뷰도 있다. 또 만화처럼 연재물도 있으며 광고도 있다. 부드러운 글도 있고 날카로운 글도 있으며 서정적인 글도 있고 논리적인 글도 있다. 요즘은 인터넷 신문으로 대체되어 종이 신문을 보는 집이 많지 않지만, 아이가 종이 신문으로 처음부터 끝까지 한 번쯤은 훑어보게 하길 권하고 싶다.

요즘 인터넷상에서 접하는 뉴스 기사들은 종이 신문에 실리던 기사들과는 다르다. 종이 신문이 주된 매체였을 때에 비해 주제가 사소하고 내용이 빈약한 기사도 꽤 많다. 제목이 자극적인데 반해 내용은 별거 없는 경우도 너무 많다. 그래서 아이들이 신문 기사를 정확히 인지하지 못하는 것 같아 안타깝다.

종이 신문 읽기와 뇌 활성화의 상관관계를 살펴본 실험이 있었다. 한국신문협회의 의뢰로 2019년 9~11월 서울대 심리학과 교수 연구팀에 의해 진행되었다. 한 달간 한 그룹은 매일 신문 읽기 과제를 수행하고 다른 그룹은 통제되었는데, 그 결과 신문 읽기 과제를 수행한 그룹의 집중력이 높아졌음을 확인할 수 있었다. 아이들의 학습 능력과 집중력 등에도 유의미한 연구 결과가 있으니 신문을 활용한 교육에 대해 진지하게 생각해봤으면 한다. 미디어 리터러시 능력을 기른다면 아이들이 앞으로 정보 생산자로서의 삶을 살아가는 데 중요한 무기가 될 것이다.

초등학교 국어 교과에서는 신문 기사에 대해 구체적으로 배우지 않는다. 다만 여러 과목들에서 각 단원 학습의 보조 수단으로 신문 기사 쓰기를 많이 활용한다. 특히 사회 과목에서는 단원이 끝날 때쯤 정리 활동으로 신문 만들기가 자주 나온다. 그러면 아이들은 각자 정보를 수집해서 모둠별로 신문을 만든다. 아이들이 만든 신문을 살펴보면 자유롭게 잘 꾸미기는 하지만 신문의 틀을 전혀 모른다는 생각이 든다. 일단 신문 기사의 제목이 단조롭다. 내용 전체를 한 문장 속에 강력하게 담아야 하는데, 그냥 단순히 인물명이나 사건명일 때가 많다. 그리고 대상에 대한 객관적인 사실을 기사로 실을 것인지, 대상에 대한 자신의 생각을 구체적으로 쓸 것인지를 정해서 한 방향으로 가야 하는데, 보통은 인터넷에서 검색하거나 교과서에 나온 내용을 베껴 쓸 뿐이다.

　신문은 보통 이해하기 쉽게 쓰여 있지만, 초등학생들에게는 어려울 수도 있다. 이럴 때는 아이들의 수준에 맞는 신문 기사도 많이 있으니 그것을 활용하면 된다. 매일 따끈따끈한 뉴스로 소식을 접하면서 세상에 대한 관심을 높일 수 있고 글쓰기 감각까지 키울 수 있는 아주 효과적인 방법이다. 매일은 아니더라도 일주일에 한 번씩 꾸준히 하면 좋다. 신문 기사를 활용한 지도는 저학년에게는 어렵고 고학년에게 좀 더 적합하다. 신문을 이용하는 방법에는 여러 가지가 있지만, 가정에서 활용할 수 있는 간단한 방법 위주로 소개하겠다. 또 신문 기사에는 보도문, 칼럼, 광고, 사진, 만화 등의 형식이 있는데, 보도문과 칼럼을 중심으로 소개하고자 한다.

📖 신문 기사 베껴 쓰기

신문 기사 중 사건 보도와 칼럼을 베껴 쓰기 대상으로 한다. 그대로 베껴 쓰다 보면 신문 기사의 문체에 대해 감을 잡을 수 있고 글의 구성을 알 수 있다. 제목과 부제목이 어떤 역할을 하는지 알고 원하는 기사를 골라서 읽을 수 있게 된다. 그리고 정제된 글을 어떻게 쓰는지 알 수 있으며 논리적인 글의 짜임에 대해서도 배우게 된다.

처음에는 헤드라인만 베껴 쓰면서 신문 기사에 대한 감을 키운다. 그런 다음 그중 읽고 싶은 하나를 골라 전체 베껴 쓰기를 한다. 방식은 4장에서 다룬 베껴 쓰기와 같다. 먼저 전체를 읽고 나서 의미를 생각하며 구절 단위로 끊어 쓰는 것이 좋다. 최대한 긴 호흡으로 쓰는 것이 문장력을 키우는 데 도움이 된다.

전체 베껴 쓰기가 어느 정도 익숙해지면 그다음 단계는 응용이다. 실제 신문 기사의 단어와 표현을 조금씩 바꿔보는 것이다. 어려운 표현을 쉽게 바꾸거나, 비슷한 뜻을 가진 다른 단어로 바꾸면서 기사를 변형시켜본다. 베껴 쓰기를 다양한 방법으로 반복해서 하다 보면 신문 기사 쓰기가 자연스럽게 가능해진다.

신문 기사 활용 글쓰기

쉽고 할 만해야 꾸준히 할 수 있다. 아이들이 부담 없이 할 수 있도록 딱 하나의 기사로 짧은 글을 써보도록 한다. 몇 년 전에 유행처럼 번졌던 NIE^{Newspaper In Education}다. 집에서 부모와 아이가 함께해 보면 어떨까? 공책의 한쪽 면에 출력하거나 오린 신문 기사를 붙인다. 그리고 구체적인 활동을 하면서 글쓰기를 해나가면 된다.

모르는 단어 찾고 문장 만들기

아무리 쉽게 풀어도 생소한 단어가 있을 수밖에 없다. 기사를 읽으면서 형광펜으로 표시하거나 연필로 동그라미를 친다. 모르는 단어가 많아 한꺼번에 익힌다고 해도 머릿속에 남는 단어는 몇 개 안 된다. 모르는 단어가 너무 많으면 아이들이 부담스러워하고 자칫 공부라 여길 수 있다. 기사 속에서 모르는 단어를 다 찾으려고 하지 말고 딱 2개만 표시하게 한다. 그 단어의 뜻을 찾아 공책에 쓰고, 이어서 그 단어의 의미에 따라 짧은 문장을 쓴다. 어휘력을 늘리는 데 효과적이다. 아이의 수준에 맞춰 개수를 조절한다.

신문 기사를 읽고 요약하기

아무 기사나 하기보다는 교과서에서 다룬 주제와 관련된 기사나 계기 교육과 관련된 기사를 활용하면 좋다. 과학 시간에 환경 문제를 배우고 나서 '플라스틱 물고기'와 관련된 신문 기사를 요약한다든지, 3·1절 즈음에 일본과의 관계나 독립 운동과 관련된 신문 기사를 찾아 아이와 함께 읽고 요약하면 복습 효과도 있고 핵심을 찾아내는 능력도 길러진다.

신문 기사를 읽고 생각 쓰기

사설이나 양쪽으로 의견이 나뉜 주제를 다룬 기사를 읽고 생각이 어떤지 글로 써본다. 예를 들어, 코로나19로 종교 집회를 전면 금지한다는 기사를 읽고, 이것이 공동체의 안전을 위해 당연한 것인지, 아니면 종교의 자유를 억압하는 것인지 의견을 써보는 것이다. 처음부터 논점을 잡기는 어려우니, 기사에 대해 대화하며 아이의 생각을 이끌어낸 뒤 쓰게 하면 훨씬 잘 쓴다. '주장+이유'의 형식으로 논리적인 글을 쓰도록 피드백한다.

신문 기사 제목 쓰기

부모나 교사가 함께 읽을 신문 기사를 준비한 다음, 제목 부분을 제거하고 아이에게 제시한다. 아이는 신문 기사를 정독한 뒤 제목을 스스로 쓴다. 핵심을 파악하는 연습도 되고 퀴즈처럼 여겨 흥미로워한다. 제목은 신문 기사에서 중요한 역할을 한다. 대부분이 신문 기사를 읽을 때 제목을 보고 선택하기 때문이다. 제목은 눈길을 끌 수 있도록 매력적이어야 하고 본문의 내용을 함축하고 있어야 한다. 신문 기사의 헤드라인을 보면서 제목에 대한 감각을 익히고,

실제로 쓰는 연습을 하면서 '읽고 싶어지는' 제목을 쓸 수 있는 실력을 키운다.

사진·그림·표·그래프로 기사 내용 추측하기

아이가 접할 신문 기사를 준비한다. 이때 기사 전문 대신 기사를 설명하기 위해 함께 실리는 사진이나 그림, 표, 그래프 등만 오리거나 출력해서 공책에 붙인다. 그러고 나서 어떤 내용의 기사인지 추측해본다. 간단한 추측 쓰기로 시작해서 익숙해지면 추측한 기사 한 편을 써본다. 이후 아이가 쓴 글을 실제 기사와 비교해본다. 내용이 똑같지 않아도 자료와 어울리는 기사를 썼다면 긍정적인 피드백을 한다.

신문 기사 직접 쓰기

제대로 된 신문 기사를 직접 쓰는 것이 제일 마지막 단계다. 그러려면 우선 신문 기사의 구조를 알아야 한다. 헤드라인 아래의 본문은 누가, 언제, 어디서. 무엇을, 어떻게, 왜의 육하원칙에 따라 작성된다. 신문 기사 중 보도문에 밑줄을 그으며 육하원칙을 찾아보는 연습을 한다. 그런 뒤 실제로 신문 기사를 쓴다.

처음부터 신문 기사를 쓰라고 하면 어려워할 수도 있다. 이럴 때는 밑줄 그은 육하원칙 부분만 바꿔 써도 새로운 신문 기사가 된다. 그리고 밑줄 그은 육하원칙 부분을 소재로 새로운 기사를 쓰는 것 또한 좋은 글쓰기가 될 수 있다. 무에서 유를 창조해내는 아이들이지만 매번 그러기는 어려우니, 단어나 소재를 제시하거나 주제를 한정해서 글쓰기의 힌트를 제공한다. 이때 초등학생 수준에서 사건에 대한 육하원칙 서술을 명료하게 하는 것에 초점을 맞춘다. 그리고 신문 기사의 객관성을 위해 그림, 표, 그래프, 전문가 인터뷰 등 자료가 뒷받침되어야 한다는 점도 지도해야 한다.

다음 기사 상상해서 쓰기

보도 기사 하나를 선택해서 읽고 일주일 뒤, 혹은 한 달 뒤 다음 기사를 글로 쓴다. 예를 들어 전 세계에서 코로나 백신 연구가 한창이라는 기사를 읽었다면, 한 달 뒤에 우리나라에서 최초로 코로나 백신 개발에 성공해 전 세계가 환호했으며 불안에 떠는 사람들을 구할 수 있게 되었다는 희망적인 기사를 쓰는 것이다.

한국언론진흥재단에서는 2019년부터 전 국민 뉴스 리터러시 캠페인의 일환으로 '뉴스읽기, 뉴스일기' 공모전을 진행하고 있다. 뉴스를 올바르게 읽고 해석해 글로 표현할 수 있는 능력은 정보의 홍수 속에서 살아갈 아이들에게 중요한 능력이기에 신문 기사를 활용한 교육은 매우 유의미하다. 이러한 공모전에 부모와 아이가 함께 참여하면서 뉴스 읽기와 글쓰기에 동기 부여를 해보면 어떨까.

TIP

신문 기사 쓰기 관련 참고 사이트

- 어린이동아일보 kids.donga.com

- 어린이조선일보 kid.chosun.com

- 어린이경제신문 econoi.com

- 한국신문협회 presskorea.or.kr
  (신문활용교육 – 한국신문협회 NIE 메뉴 자료 활용)

- 미디어교육 forme.or.kr

유튜브에서 글쓰기로

요즘 아이들은 유튜브를 참 많이 본다. 장래희망이 유튜브 크리에이터나 프로그래머인 아이들이 한 반에 대여섯 명은 있다. 와이즈앱에서 연령별로 많이 사용하는 앱을 조사한 결과, 전 연령대에서 사용 시간이 가장 긴 앱은 '유튜브'였다. 특히 10대의 유튜브 사용 비중은 다른 앱과 큰 차이가 났다. 아이들은 포털 앱에서 검색해 정보를 글로 읽는 문화가 아닌, 눈으로 보고 귀로 듣기를 추구하는 문화에 익숙하다.

대부분 유튜브를 보면 많은 지식을 얻는다고 생각할 것이다. 하지만 얕은 지식일 뿐, 깊이 있는 통찰과 지혜는 쉽게 생기지 않는다. 친절한 영상 정보가 대상에 대해 생각할 틈을 주지 않기 때문이다. 그렇다고 아이들에게 유튜브를 절대 보지 말라고 할 수는 없다. 아이들의 문화를 충분히 존중해야 한다. "공부하고 책 읽어야 할 시간에 유튜브를 왜 봐?"라고 비난하기 시작하면 결론은 갈등과 상처뿐이다. 세대 간의 절충이 필요하다.

그렇다면 유튜브를 보는 아이들에게 본 내용을 글로 남기게 하면 어떨까? 별도의 공책을 마련해 유튜브를 보고 나서 제목과 함께 내

용과 느낀 점을 쓰게 하는 것이다. 유튜브에서 본 내용을 주제로 일기를 써도 좋다. 어떤 내용의 영상이었는지, 보고 나서 어떤 생각을 했는지, 나라면 이 영상을 다시 어떻게 제작하고 싶은지 등을 쓰게 하면 아이들은 조금 더 발전적인 방향으로 유튜브를 이용할 수 있다. 그리고 부모는 아이가 쓴 글을 보며 아이의 요즘 관심사가 무엇인지, 무슨 생각을 하는지 등을 알 수 있다. 무엇보다 글로 정리하며 생각의 시간을 가질 수 있다. 그냥 보고 끝내는 것보다 삶에 조금이라도 도움이 될 수 있다면 아이들의 유튜브 시청이 그리 나쁘지만은 않을 것이다. 게다가 글로 정리해야 한다면 아무 영상이나 보지 않고 쓸거리가 있는 영상을 찾게 된다.

관심 분야의 유명한 사람이 운영하는 유튜브를 꾸준히 보며 생각을 정리하면 어떨까? 뛰어나거나 지혜로운 사람과 관련된 영상이라면 유튜브를 보고 글로 쓰며 그를 닮아가도 좋을 것이다. 그래서 아이들이 좋아하는 유튜브를 글쓰기의 소재로 활용하는 방법을 추천한다. 스스로 생각하고 글로 쓰면서 얻은 지혜를 삶에 적용하는 방향으로 활용하고 메타인지를 키워나가는 발판으로 삼는다면 유튜브는 아주 유익한 매체가 될 것이다.

온 가족이
함께하는 글쓰기

부모의 마음은 모두 같습니다. 아이가 행복한 삶을 살기를 바랍니다. 그래서 어떻게 키워야 할지 늘 고민합니다. 많은 분들이 그답을 공부에서 찾습니다. 돈과 시간을 투입한 만큼 성과가 눈에 보이기 때문입니다. 상황마다 차이는 있지만, 성격이나 마음가짐에 비해 공부는 성적이라는 잣대가 있기에 변화가 눈에 잘 보입니다. 아이가 잘 크고 있다는 증거를 점수에서 찾기도 합니다. 더불어 아이를 잘 키우고 있다는 안도감도 함께 느낍니다.

과연 높은 성적이 아이를 행복한 삶으로 이끌어줄까요? 명문 대학에 가고 대기업에 취직하는 것까지는 어느 정도 도와줄 수 있습

니다. 그런데 이렇게 객관적인 잣대로 성공한 사람이 자신의 문제를 스스로 해결하지 못한다면 어떨까요? 스스로 생각하는 힘이 부족하다면 어떨까요?

우리는 4차 산업 혁명 시대를 살아갈 아이들에게 어떤 능력을 키워주는 것이 아이들의 행복한 삶에 도움이 될 수 있을지를 고민해봐야 합니다. 저는 빠르게 변화하는 사회에 적응하고 복잡한 문제를 스스로 해결할 수 있는 '생각하는 힘'이 그 능력이라고 생각합니다. 특히 자신의 인지 과정 전반을 이끌 수 있는 메타인지를 가진다면 주변 환경에 흔들리지 않고 현명한 판단을 내릴 수 있습니다. 남이 아닌 내가 삶의 주도권을 갖고 있다면 이는 아이들이 사회생활을 해나가는 데 큰 무기가 될 것입니다. 메타인지는 책 읽기만으로는 기르는 데 한계가 있습니다. 책을 읽으면서 생각을 많이 하긴 하지만 진짜 내 생각을 다듬는 일은 글쓰기로 가능합니다. 그래서 아이들에게 글쓰기 교육을 꼭 하면 좋겠습니다.

우리의 삶 전반에 글쓰기가 있습니다. 우리는 매일 누군가와 메시지를 주고받습니다. 또 학생들은 교과서의 문제에 대한 답을 글로 쓰고, 서술형·논술형 평가, 대입 논술 시험 등을 치릅니다. 직장인들은 일과 관련된 각종 문서를 작성합니다. 글쓰기 실력이 뒷받침되면 의사소통에도 큰 도움이 됩니다. 주제에 대한 내가 가진 지식과 경험을 분석해 아는 것과 모르는 것, 그리고 더 많이 아는 것을 구분하고, 아는 것을 중심으로 적절한 단어를 통해 표현하는 것이 바로 글쓰기입니다. 거듭 강조하지만 글쓰기의 바탕은 메타인지며, 글쓰기와 메타인지의 과정은 많이 닮아 있습니다.

공부 잘하는 아이들의 특징 중 하나가 메타인지라는 것은 많이 알려진 사실입니다. 공부뿐만 아니라 아이들 삶의 여러 부분에서 문제를 해결할 때 메타인지는 큰 도움이 됩니다. 메타인지를 키우는 글쓰기, 한번 도전해보고 싶지 않나요? 메타인지를 키우는 글쓰기라고 해서 엄청난 노력과 시간이 필요한 것은 아닙니다. 하루 10분 정도의 짧은 시간이라도 매일 글쓰기를 한다면 아이들은 글쓰기에 대한 두려움을 떨쳐버리고 습관처럼 글을 통해 자신의 생각과 느낌을 자유롭게 표현할 것입니다.

더불어 부모님과 아이가 함께하는 글쓰기도 강력하게 추천하고 싶습니다. '가족 일기장'을 활용해보면 어떨까요? 부모님과 아이가 함께 일기를 쓰고 서로 바꿔 읽어보면 재미있을 것입니다. 아이도 부모님의 마음을 일기를 통해 보면 말로 했을 때보다 더 크게 느낍니다. 부모님과 아이가 같은 책을 함께 베껴 써도 좋습니다. 같은 책이라도 아이의 입장과 어른의 입장에서 느끼는 점이 다르니 비교해볼 수 있어 더 흥미진진합니다.

아이에게 하고 싶은 말을 글로 전하는 방법도 추천합니다. 가족이 함께 쓰는 공책을 만드는 것입니다. 서로에게 불만이 있을 때 직접 말하면 감정이 섞여서 좋지 않은 결과를 가져올 때가 있습니다. 하지만 글로 쓰면 감정을 어느 정도 조절하면서 서로 하고 싶은 이야기를 할 수 있습니다. 글을 쓰는 동안 필연적으로 생각하고, 스스로 결론을 내려보는 기회를 갖게 되기 때문입니다.

물론 부모님과 아이가 함께 글쓰기를 하는 것이 부담일 수 있습니다. 그러면 부모님도 아이도 매일 한 줄 쓰기로 시작해보면 어떨까요? 힘든 일, 마음먹고 해야 하는 어려운 일이라고 생각하지 말고 작은 일부터 하면 됩니다. 아침밥을 먹으면서 쓸 수 있게 식탁 위에 공책을 두고 아침 기분이나 오늘 다짐을 쓰는 것입니다. 아니면 저녁 때 공책에 오늘 감사했던 일을 하나 씁니다. 종이에 쓰는 것이 제일 좋지만, 이것이 어렵다면 가족의 단체 채팅방을 만들어 하나씩 쓰는 것을 약속으로 정해도 좋습니다. 이때도 그냥 '좋다', '싫다'라고만 쓰면 안 되고 구체적인 이유나 경험을 넣도록 합니다. 그러면 글쓰기 실력만 좋아지진 않습니다. 가족끼리 친밀감도 높이고 서로의 일상과 기분을 알 수 있어 더 좋습니다.

지인이 아이에게 하고 싶은 말을 포스트잇에 적어 아침에 학교 갈 때 가방에 넣어주는데, 아이가 너무 좋아한다고 이야기했습니다. 저도 우리 반 아이들에게 하고 싶은 말을 생각 노트나 성장 일지, 혹은 포스트잇에 적어 붙여주는데, 아이들은 어떤 말이 쓰여 있을지 늘 기대합니다. 포스트잇 하나가 짧은 시간 안에 아이와 소통할 수 있는 매개체 역할을 해줍니다.

아이는 부모님과 함께하는 글쓰기로 성장할 수 있습니다. 글쓰기와 떼려야 뗄 수 없는 삶을 살아갈 아이들에게 원하는 글을 막힘없이 자유자재로 쓸 수 있는 무기를 손에 쥐어줄 수 있을 것입니다.

아이의 교육에만 글쓰기가 필요한 것은 아닙니다. 부모님 개인의 성장에도 글쓰기는 정말 강력한 힘을 발휘합니다. 글쓰기로 우울증에서 벗어나고 스트레스를 해소합니다. 또 새로운 공간의 누군가와 소통하며 에너지를 얻는 경우도 많습니다. 살림 노하우, 육아 방법, 요리 비법 등을 글로 쓰며 자신의 영역을 키워가는 엄마들을 인터넷상에서 많이 마주합니다. 그뿐만 아니라 평소 일기를 쓰며 반성하고 새로운 계획으로 스스로를 가다듬어가는 사람은 발전적인 삶을 살아갑니다.

내가 가진 정보를 누군가와 나눌 수 있고 사회에서 인정받는 계기로 활용하면 자신감이 생깁니다. 이런 자신감은 아이에게 무엇과도 비교할 수 없을 만큼 강력한 용기를 주고 동기를 부여해줄 것입니다. 또 글쓰기로 마음속의 좋지 않은 감정이 해소되면서 평정심을 유지할 수 있게 됩니다.

블로그를 활용해도 좋습니다. 나만의 기록장으로써 좋은 도구가 됩니다. 더 간편한 방법을 원한다면 핸드폰 앱 중에 메모장이나 일기 앱도 괜찮습니다. 나만 볼 수 있는 공간에 솔직한 감정을 털어놓는 것도 좋고, 언젠가 누군가와 공유할 나만의 정보를 올려도 좋습니다. 글쓰기의 재미와 만족감을 분명 느낄 것입니다.

부모님도 아이와 동등한 배움의 주체로서 글을 쓰며 함께 성장해가면 어떨까요? 부모님이 글을 쓰며 끊임없이 배우고 생각하고 성장할 때 더 단단하고 흔들림 없는 육아를 해나갈 수 있을 것입니다. 아이와 함께 글쓰기에 꼭 도전하길 바랍니다. 그리고 행복한 아이와 부모님으로 거듭나길 진심으로 응원합니다.

공부의 중심을 잡아주는 기적의 글쓰기 수업

초등 메타인지, 글쓰기로 키워라

초판 1쇄 발행 2021년 4월 12일
초판 2쇄 발행 2024년 7월 25일

지은이 김민아
펴낸이 민혜영
펴낸곳 (주)카시오페아
주소 서울시 마포구 월드컵로14길 56, 3~5층
전화 02-303-5580 | **팩스** 02-2179-8768
홈페이지 www.cassiopeiabook.com | **전자우편** editor@cassiopeiabook.com
출판등록 2012년 12월 27일 제2014-000277호

ⓒ김민아, 2021
ISBN 979-11-90776-63-9 03590

- 잘못된 책은 구입하신 곳에서 바꿔 드립니다.
- 책값은 뒤표지에 있습니다.